内蒙古自治区高等级公路建设施工标准化指南系列

内蒙古自治区高等级公路建设施工标准化指南

第五分册　桥梁工程

内蒙古自治区交通运输厅
中　国　公　路　学　会　组织编写

人民交通出版社股份有限公司
China Communications Press Co.,Ltd.

内 容 提 要

本书为“内蒙古自治区高等级公路建设施工标准化指南系列”第五分册桥梁工程，编制目的是规范内蒙古自治区高等级公路桥梁施工，促进自治区高等级公路桥梁施工管理的标准化、规范化、精细化，全面提高公路桥梁管理及技术水平，克服施工质量通病，提高桥梁工程质量、安全、环保等管理水平及提升行业文明施工形象。本书吸纳自治区多年来桥梁建设实践经验，从关键环节出发，重点规范桥梁建设中的有关工序、材料、工艺、技术及管理方面的一系列问题，对现行规范、标准进一步细化、补充。

本书适用于内蒙古自治区高等级公路桥梁工程的施工及管理，可供内蒙古自治区公路工程各参建单位、参建人员使用。

图书在版编目（CIP）数据

内蒙古自治区高等级公路建设施工标准化指南. 第五分册，桥梁工程 / 内蒙古自治区交通运输厅，中国公路学会组织编写. — 北京：人民交通出版社股份有限公司，2016.1

（内蒙古自治区高等级公路建设施工标准化指南系列）

ISBN 978-7-114-12949-0

Ⅰ. ①内…　Ⅱ. ①内…　②中…　Ⅲ. ①等级公路—道路施工—标准化管理—内蒙古—指南②桥梁工程—工程施工—标准化管理—内蒙古—指南　Ⅳ. ①U415.1-65

中国版本图书馆 CIP 数据核字（2016）第 077219 号

内蒙古自治区高等级公路建设施工标准化指南系列

Neimenggu Zizhiqu Gaodengji Gonglu Jianshe Shigong Biaozhunhua Zhinan Di-Wu Fence Qiaoliang Gongcheng

书　　名：内蒙古自治区高等级公路建设施工标准化指南　第五分册　桥梁工程

著 作 者：内蒙古自治区交通运输厅　中国公路学会

责任编辑：司昌静　尤晓暐

出版发行：人民交通出版社股份有限公司

地　　址：（100011）北京市朝阳区安定门外外馆斜街 3 号

网　　址：http：//www.ccpress.com.cn

销售电话：（010）59757973

总 经 销：人民交通出版社股份有限公司发行部

经　　销：各地新华书店

印　　刷：北京市密东印刷有限公司

开　　本：880×1230　1/16

印　　张：5.75

字　　数：123 千

版　　次：2016 年 1 月　第 1 版

印　　次：2016 年 1 月　第 1 次印刷

书　　号：ISBN 978-7-114-12949-0

定　　价：28.00 元

本册编写人员

主　　编： 王　骁

副 主 编： 孙雪伟　李星亮　王德山　张志祥

参编人员： 张　凯　田明有　张雄文　韩　磊

陈德智　吁新华　潘友强　姜云花

陈晓强　傅燕峰　曾庆伟　康新胜

杨　响　杜　骋　张宏宇

前　　言

“十二五”期间，内蒙古自治区高等级公路建设事业取得了长足发展，“十三五”期间高等级公路建设任务依然十分繁重。为进一步规范公路建设项目施工管理，提高工程管理和技术水平，确保工程质量和施工安全，提升行业文明形象，同时响应交通运输部《关于开展高速公路施工标准化活动的通知》（交公路发〔2011〕70号）要求，并结合2011年推行的《内蒙古自治区高速和一级公路施工标准化管理指南（试行）》及内蒙古自治区高等级公路施工的实际情况，内蒙古自治区交通运输厅组织编写了《内蒙古自治区高等级公路建设施工标准化指南》（以下简称《指南》）。《指南》共十一分册，分别为：工地建设、工地试验室、路基工程、路面工程、桥梁工程、隧道工程、交通安全设施、房建工程、安全生产、环保、管理。

本《指南》主要依据国家、工程建设标准化协会、交通运输部及内蒙古自治区交通运输厅等工程建设主管部门发布的与公路工程建设相关的文件、标准、规范、规程、指南和行业内采取的成熟、先进的施工工艺及管理办法，以及内蒙古自治区高等级公路施工管理中的特点和先进经验编写而成。

本《指南》未提及的，请参照现行相关的标准、规范、规程、规定执行。

本分册为《指南》第五分册桥梁工程，汲取了内蒙古自治区高等级公路施工管理中的成功经验，同时借鉴了其他省区高等级公路工程管理的科学方法。本分册共有七章内容，包括：总则、施工准备、桥梁基础、下部构造、上部构造、桥梁附属工程、施工质量通病及防治措施。本分册由内蒙古自治区交通运输厅、中国公路学会主编。由于编制时间和编制水平所限，书中如有不妥甚至错误之处，请广大读者不吝指正。

本《指南》可供内蒙古自治区公路工程各参建单位、参建人员使用。各盟市对其中有关的具体指标可根据实际情况进一步细化和强化要求，对未尽事宜应予以补充完善。各有关单位和从业人员在使用本分册时，如发现问题或提出改进意见，请函告内蒙古自治区交通运输厅（地址：呼和浩特市地质南街68号，邮编：010010，联系电话：0471-6968635，电子邮箱：bgs@nmjt.gov.cn）或中国公路学会咨询部（地址：北京市朝阳区和平街11区37号楼，邮编：100013，联系电话：010-64958372，电子邮箱：sxw@sinoroad.com）。

内蒙古自治区交通运输厅

2015年11月

目　　录

1 总则

1.1 目的及适用范围

(1)为规范内蒙古自治区高等级公路桥梁施工,促进自治区高等级公路桥梁施工管理的标准化、规范化与精细化,全面提高公路桥梁管理及技术水平,克服质量通病,保证工程质量,保障施工安全,特制定本指南。

(2)本指南面向内蒙古建设、监理及施工单位现场管理一线人员,为现场监督、管理工作提供精细化施工步骤。

(3)本指南适用于内蒙古自治区高等级公路新建及改(扩)建项目,其他等级公路可参照执行。

1.2 编制依据

(1)本指南以交通运输部、内蒙古自治区颁发的相关规范与指南为依据,吸纳自治区多年来桥梁建设实践经验,从关键环节出发,重点规范桥梁建设中的有关工序、材料、工艺、技术及管理方面的一系列问题,对现行规范、标准进一步细化与补充。

(2)现有经验总结,并兼顾全区各地环境、地理等特点。

(3)各省(自治区、直辖市)标准化指南。

(4)内蒙古自治区公路建设质量安全管理文件。

1.3 章节划分

本指南共7章,分为总则、施工准备、桥梁基础、下部构造、上部构造、桥梁附属工程、施工质量通病及防治措施。

(1)桥梁基础分为钻孔灌注桩、挖孔灌注桩、沉入桩、明挖基础、承台,共5节。

(2)下部构造分为桥台、立柱、盖梁、高墩,共4节。

(3)上部构造分为预制梁施工、预制梁安装、支架式现浇、悬臂式现浇,共4节。

(4)附属工程分为桥面铺装、伸缩缝、护栏、搭板和锥坡,共4节。

(5)施工质量通病及防治措施分为桥梁基础、下部构造、上部构造,共3节。

2　施工准备

2.1　一般规定

(1)桥梁施工前,承包人应详细熟悉设计文件,对现场进行认真调查,做好核对工作,并将核对结果上报建设单位。

(2)现场核对完成后,承包人应根据设计文件及技术规范要求,编制针对性施工组织设计,并按规定程序进行审批。

(3)严格每道工序自检、报检程序,每道工序须经检验合格后,方可进行下道工序。

(4)承包人应本着少占耕地、节约农田的原则进行现场临时设施的布置,同时做好环境保护工作。

(5)建立健全安全生产组织机构及管理制度,落实安全生产责任制,保障各项安全措施落实到位,并针对每道工序特点,及时进行安全技术交底。

(6)建立健全质量保证体系,并保障体系的有效运行。

2.2　技术准备

(1)工程开工前,承包人应对控制点进行复测,并将测量成果上报监理工程师进行复核,同时做好控制点的保护工作。

(2)承包人应针对工程具体情况,编制针对性、操作性强的施工组织设计,并按规定程序进行审批。

(3)总体工程开工前,承包人应向监理工程师提交总体开工报告,主要内容包括:编制依据、编制范围、工程概况、施工组织机构建设、人员、机械投入情况、质量保证体系、安全保障措施、进度计划、临时用水用电及其他需要说明的地方。

(4)分部分项工程开工前,承包人应向监理工程师提交开工报告,主要内容包括编制依据、编制范围、分部分项工程概况、人员、机械投入情况、质量保证体系、安全管理体系、进度计划及其他需要说明的事项,经监理工程师批准后,方可施工。

(5)技术复杂、安全风险大的分部分项工程,承包人应制订专项施工方案,主要内容包括编制依据、编制范围、工程概况、总体布置及工期安排、技术方案、质量保证体系、安全保证措施及其他需要说明的地方,专项施工方案经专家论证后方可实施。

(6)桥梁工程所有各类原材料,在进场时要附带质量合格证书,且在用于工程部位之前应经过严格的检验,经试验检测合格后方可用于工程部位。

(7)桥梁工程实行首件工程认可制。首件工程完工后,由总监组织召开首件总结会,对施工工艺进行详细总结,并对质量进行综合评定,找出施工过程中存在的不足之处并加以改进,之后方可将此工艺用于下步工程施工。

(8)桥梁工程施工前,必须进行技术交底。交底内容包括承包合同有关条款、设计文件有关要求、施工技术规范要求、施工进度及工期、安全措施等。对于涉及重点工程、重点部位、特殊工程、新结构、新工艺、新材料的工程,更要做详细的技术交底。

(9)根据当地多年气温资料,当室外昼夜日平均气温连续5d低于5℃时,混凝土及砌体工程应按冬季施工进行。

2.3 机械准备

(1)桥梁施工使用的各类机械,为达到较高的生产率,应进行合理搭配使用,以降低机械运转费用,延长机械使用寿命。其应遵循的一般原则为:适应性、先进性、通用性、专用性、经济性。

(2)桥梁工程所用的各类机械,应保证性能完好。对于塔式(门式)起重机、施工电梯、物料提升机等特种机械设备,必须有法定机构出具的检验合格证明,并在检测有效期内使用,其安装调试、拆卸必须有专项施工方案及安全保障措施,并由相应资质的专业单位及人员进行。

(3)特种设备现场使用应张贴各类安全警示标志、标语。特种设备在使用过程中应做好日常使用记录、保养记录、定期检查记录等,并将各类记录存档备案。

(4)桥梁各类施工机械,应在显著位置悬挂操作规程,标明机械名称、型号、操作方法、保养要求、安全注意事项等。

(5)机械设备不得带病运行或超负荷作业,施工单位应及时对机械设备进行维修、保养,不能因施工繁重而不及时进行修理。凡经大修、改造、重新安装的机械设备,均应按规定进行试运转。

2.4 作业条件准备

(1)桥梁工程开工前,须结合工程规模、工期、地形等特点,合理布置施工场地,并应完成"四通一平"工作。

(2)施工现场应统一规划、合理布局,并绘制施工现场平面布置图。

(3)按照"原材料分类堆放、混凝土集中搅拌、构件集中预制、钢筋集中加工"的原则,重点做好原材料、拌和站、预制场、钢筋加工厂等建设工作,具体要求参见《内蒙古自治区高等级公路建设施工标准化指南　第一分册　工地建设》中相关内容。

(4)应在桥梁施工现场醒目位置安放"六牌一图"标志牌。其他各类标示、标语应齐全,安放到位。

(5)桥梁施工应采取封闭式管理,施工现场应采取围挡措施,围挡高度应符合规范要求,并在出入口采取门禁措施。

2.5 安全施工准备

(1)施工前,应根据工程特点,编制针对性安全技术方案,对危险性较大的工程,应编制安全专项方案,并经专家论证后实施。

(2)施工前应建立健全安全生产体系,落实安全生产责任制,保证安全生产经费有效投入,严禁将安全资金挪作他用,并设置安全管理部门,落实人员岗位职责。

(3)开工前,项目经理部应按照不同层次及分工对作业班组、作业人员进行安全技术交底,交底内容包括安全风险点、安全注意事项、规范性作业方法等。

(4)施工单位应做好作业人员的安全培训。对于刚进入施工现场的作业人员,须进行三级安全培训,并经考试合格后方可进入施工现场。对于特种作业人员,须取得特种作业操作证后,方可进行作业。

(5)施工单位应为作业人员配备必要的安全防护用品,并确保防护用品符合国家及行业相关规定要求。施工作业人员进入现场时,应按规定正确佩戴、使用安全防护用品。

(6)施工前,应对安全防护设施、临时用电、临时机电机具、特种设备设施等进行全面安全检查,确认符合要求后方可施工。

(7)对于高空作业部位,作业人员必须按照国家规定经过专门的安全作业培训,并取得特种作业操作资格证书后,方可上岗作业。

(8)对于各种临边、洞口部位,应设置安全防护设施。对施工现场范围内可能存在某种危险性的区域,应设置醒目的警戒、警告、警示标志。夜间施工时,应设置保证施工安全的照明设施。

(9)桥梁施工现场的所有安全防护设施和安全标志等,任何人不得擅自损坏或擅自移动和拆除。因作业需要必须临时拆除或变动安全防护设施、安全标志时,须经有关施工负责人同意,并采取相应的可靠措施,作业完毕后立即恢复。

(10)施工现场临时用电应采取 TN-S 搭铁、接零保护系统,即具有专用保护零线、电源中性点搭铁的 220/380V 三相五线制系统,且应按照“三级配电二级保护”设置。

(11)应依据《中华人民共和国安全生产法》《建设工程安全生产管理条例》及其他相关法律法规和本企业安全生产实际,编制安全生产事故应急救援预案,并在施工过程中进行培训和演练。

(12)施工单位应为现场从事危险性较大的作业人员办理意外伤害保险。

2.6 环境保护准备

(1)按照现行《环境管理体系要求及使用指南》(GB/T 24001—2004/ISO 14001:2004)的要求,在桥梁施工前,应建立健全环保管理体系,制订环境保护方案,减少施工过程中对环境的污染。

(2)施工单位在修建各类临时设施时,应本着节约用地、少占农田的原则,加强对耕地的保护。

(3)施工临时便道应采取硬化措施,并应经常洒水,防止扬尘污染。

(4)施工废料应及时清运出场。对于易飞扬的颗粒材料,清运时,应采取密闭措施,防止漏洒造成环境污染。

(5)施工现场严禁焚烧生活垃圾及其他杂物。

(6)办公区、生活区应设置合理的排水沟,将生活垃圾排放到指定的地点。

(7)运输车清洗处应设置沉淀池,排放的废水先排入沉淀池,经二次沉淀后,方可排入城市排水管网或回收用于洒水降尘。

(8)未经处理的泥浆,严禁直接排入城市排水设施及河流。

(9)在居民区附近施工时,应严格控制施工噪声产生的污染。对施工噪声较大场所,应采取有效防护措施,把噪声降低到最低程度。

(10)桥梁完工后,应及时对临时设施、施工废料及其他垃圾进行清理,做到工完料清,符合环保要求。

3　桥梁基础

3.1　钻孔灌注桩

3.1.1　一般规定

(1)钻孔灌注桩施工前,应详细调查现场地质、水文资料,排查地下有无管线、构筑物及其他障碍物。

(2)钻孔灌注桩开工前,应完成相关的施工技术文件、施工方案及安全方案等的编制,并经技术负责人、监理工程师审核后方可开工。

(3)技术人员应对作业班组及人员进行技术交底,明确质量、安全、工期、环保等要求。

(4)首先应进行桩位的施工放样,精度满足规范要求,且经过监理工程师复核后,方可开钻。

(5)泥浆制备材料(如黏土、膨润土等)已安排进场,泥浆循环系统已安装完毕,拌制的泥浆经检验,符合规范要求。

(6)按照设计资料提供的地质剖面图,选用适当的钻机。钻机就位前,应对钻机坐落处进行平整和加固,并对主要机具的安装、配套设备的就位及水电供应的接通等各项工作进行检查。

(7)导管在使用前,应对其规格、质量及拼接构造进行认真检查,并进行拼接、过球、水密承压、接头抗拉等试验,经常更换密封圈。

(8)对工程地质、水文地质条件或技术复杂的钻孔灌注桩,应实行"首件工程认可制",获得相应工艺及参数后,方可进行下步施工。

3.1.2　材料要求

(1)混凝土所使用的砂、石、水泥、外加剂等原材料要通过试验检测合格,并应在统一的拌和站进行拌和。

(2)所使用的钢筋要通过试验检测合格,且应在统一的钢筋加工厂内进行加工。

3.1.3　施工工序

(1)钻孔灌注桩施工前,承包人应编制施工工序流程图,作为各工序施工操作、保证施工进度的依据,并悬挂在现场。钻孔灌注桩施工工序可参照图3-1。

(2)当桥梁两端处在软基预压(如加载+塑料排水板等处理措施)段时,靠近预压段落的桩基不可先行施工,应待预压沉降观测稳定后(宜采取反压措施)再进行桩基施工。

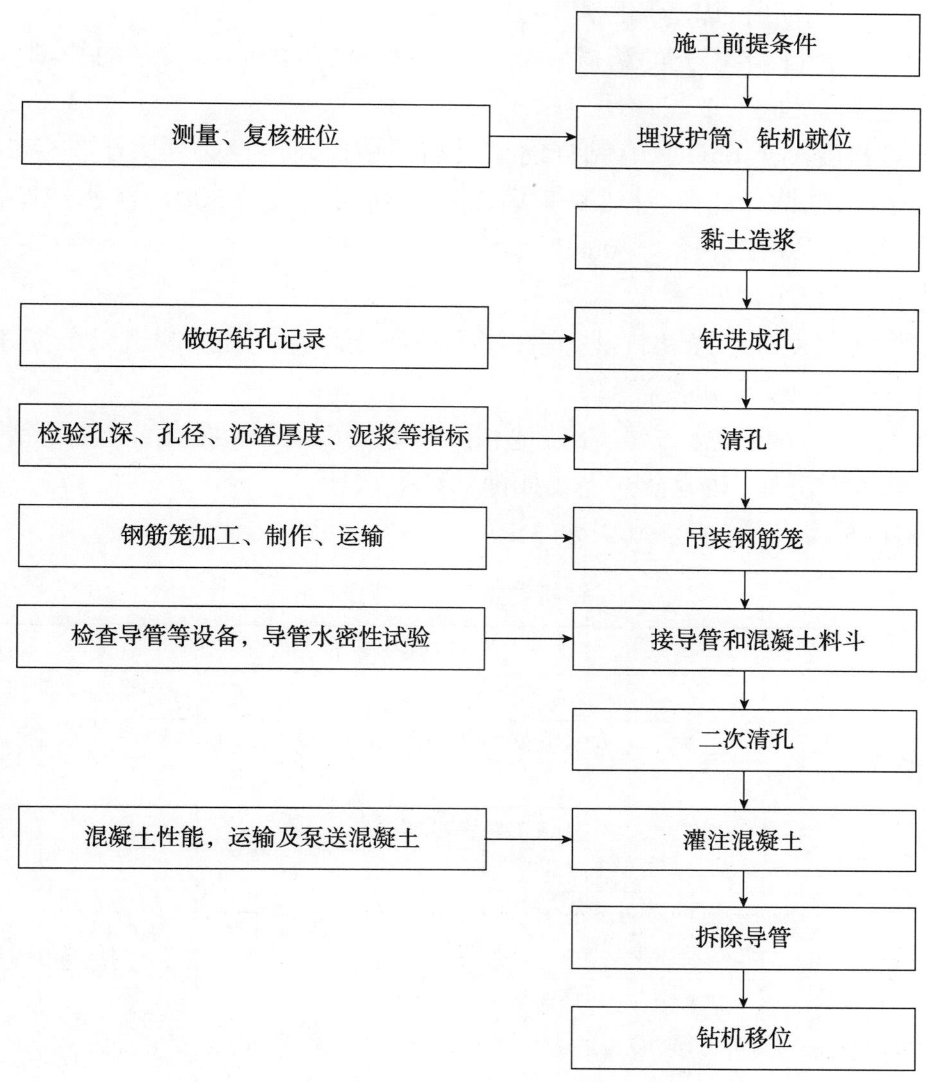

图 3-1 钻孔灌注桩施工工序

3.1.4 施工要点

1)护筒埋设

(1)施工场地或工作平台的选择和设置,应充分考虑施工期间当地的洪水情况,浅水区域平台应高出最高水位 0.5~1.0m。潮水区域平台应高出最高水位 1.5~2m,并有稳定护筒内水头的措施。

(2)陆上钻孔桩可直接放样桩中心,依据桩中心在四周施放护桩。需搭设水上平台的钻孔桩应先对护筒导向架进行精确放样,导向架内径一般较护筒外径长 5cm。

(3)护筒内径宜比桩径大 200~400mm,护筒中心线与桩中心线重合。除设计另有规定外,护筒位置平面允许误差不得大于 50mm,竖直线倾斜度不得大于 1%。

(4)钢护筒在普通作业场合及中小孔径的条件下,宜采用厚度不小于 6mm 的钢板。在深水、复杂地质条件及大孔径条件下,应采用厚度不小于 10mm 的钢板,必要时,可在护筒上下端和接头外侧焊加筋肋，以增加刚度。

（5）对于大型溶洞、半填充的溶洞、溶洞上方覆盖层为淤泥或较厚的粉细砂层，为防止泥浆流失及孔壁坍孔，应采取护筒跟进措施。

（6）当护筒长度小于6m时，有钻杆的正反循环钻护筒内径必须大于桩径200mm；无钻杆导向的正反潜水电钻和冲抓、冲击钻护筒内径必须大于桩径30cm；深水或感潮区且无钻杆导向的护筒内径必须比桩径大40cm。

2）泥浆的循环和净化处理

（1）深水处泥浆循环和净化方法：宜在岸上设黏土库、泥浆池，制造或沉淀净化泥浆，配备泥浆船，用于储存、循环、沉淀泥浆。

（2）旱地泥浆循环和净化方法：制浆池和沉淀池大小视制浆能力、方法及钻孔所需流量而定，及时清理池中沉淀，并运至弃土场摊铺、晾晒、碾压。

3）常见钻机种类及适用范围（见表3-1）

钻机种类及适用范围　　表3-1

编号	钻孔机具	适用范围			
		土层	孔径（cm）	孔深（m）	泥浆作用
1	长、短螺旋钻机	地下水位以上的细粒土、砂砾土、极软岩	长螺旋钻30~80 短螺旋钻50	26~70	干作业，不需泥浆
2	机动推钻（钻斗机）	细粒土、砂类土、卵石粒径小于10cm，含量少于30%的卵石土	80~200	30~60	护壁
3	正循环回转钻机	细粒土、砂类土、卵石粒径小于2cm，含量少于20%的卵石土、软岩	80~300	30~100	悬浮钻渣并护壁
4	反循环回转钻机	细粒土、砂类土、卵石粒径小于钻杆内径2/3，含量少于20%的卵石土、软岩	80~250	泵吸<40 气举150	护壁
5	正循环潜水钻机	淤泥、细粒土、砂类土、卵石粒径小于10cm，含量少于20%的卵石土	80~200	50~80	悬浮钻渣并护壁
6	反循环潜水钻机	细粒土、砂类土、卵石粒径小于钻杆内径2/3，含量少于20%的卵石土、软岩	80~200	100 （泵吸<气举）	护壁
7	全护筒冲抓和冲击钻机	各类土层	80~200	30~60	不需泥浆
8	冲抓锥	淤泥、细粒土、砂类土、砾类土、卵石土	80~200	30~50	护壁
9	冲击实心锥	各类土层	80~200	100	短程浮渣并护壁
10	冲击管锥	淤泥、砂类土、砾类土、松散卵石土	60~150	100	短程浮渣并护壁
11	旋挖钻机	淤泥、细粒土、砂类土	80~200	30~80	护壁
12	行星式钻机	各类土层	280~600	—	护壁

4)钻孔施工(以常见的几种钻机成孔方法为例进行说明)

(1)正反循环钻机成孔工艺。

①正、反循环旋转钻机适用于细粒土、黏性土、砂类土及碎石类土,但反循环旋转钻机不适用于碎石、卵石直径大于钻杆内径 2/3 的地层。

②开钻前应在护筒内存进适量泥浆,开钻时宜低挡慢速钻进,钻至护筒下 1m 后再以正常速度钻进。

③在黏质土中钻进,由于泥浆黏性大,钻头所受阻力也大,易糊钻。宜选用尖底钻锥中等转速、大泵量、稀泥浆钻进。

④在砂类土或软土层钻进时容易塌孔,宜选用平底钻头,控制进尺,低挡慢速、大泵量、稠泥浆钻进。

⑤在卵石、砾石类土层中钻进时,因土层软硬不均,会引起钻头跳动,钻杆摆动加大和钻头偏斜等现象,易使钻机因超负荷而损坏。宜采用低挡慢速、优质泥浆、大泵量的方法钻进。

⑥在岩石中钻进时,应根据岩石的特性、风化程度、钻机的扭矩和提升能力,选择适当的钻具和刃齿、压重块、钻进参数及泥浆指标。

⑦无论正、反循环旋转钻孔时,须采取减压钻进。

⑧泥浆补充与净化:开钻前应调制足够数量的泥浆,钻进过程中如泥浆有损耗、漏失应予补充。

(2)冲击钻孔。

①冲击钻可适应各种地质,在工程中应用较为广泛。

②吊钻头的钢丝绳必须选用同向捻制、柔软优质、无死弯和无断丝者,安全系数不应小于 12。

③开始钻孔时应采用小冲程开孔,待钻进深度超过钻头全高加正常冲程后方可进行正常冲击钻孔。在宜坍塌或流砂地段宜采用小冲程,并应提高泥浆的黏度和相对密度。在淤泥层钻进时,应严格控制进尺速度。

④护筒底脚以下 2~4m 范围内土层比较松散时,应用最小的冲程钻进。

⑤钻进过程中,应勤松绳和适量松绳,不得打空锤,勤取渣,使钻头经常冲击新鲜地层。

⑥钻进过程中,应始终保持孔内水位高出地下水位(或施工水位)1.5~2.0m,并低于护筒顶面 0.3m 以防溢出,取渣后应及时补浆。

⑦工地现场应有备用钻头,如检查发现钻孔钻头直径磨耗超过 1.5cm 时,应及时更换修补。

⑧进入持力层要求每班必须检查一次钻头直径。更换新钻头前,应先检孔到孔底,确认钻孔正常时方可放入新钻头。

⑨为防止冲击振动导致邻孔孔壁坍塌或影响邻孔已浇筑混凝土强度,应待邻孔混凝土抗压强度达到 2.5MPa 后方可开钻。

⑩冲击钻孔的排渣可采用取渣筒取渣,也可将胶管沉入孔中采取换浆排渣,也可二者同时采用。取渣后应及时向孔内添加泥浆以维护水头高度,投放黏土自行造浆。

(3)旋挖钻成孔工艺。

①旋挖钻机适用于各类黏性土、砂土地层、砂卵石层及软弱岩石地层,应根据不同的地质选用不同的钻头。不宜用于易坍塌的饱和砂层。

②钻机钻进的同时,主卷扬随着钻头钻进行程不断自动出绳,并保持钢丝绳具有一定的张紧力。在钻孔过程中钻机提钻甩渣复位后,应检查钻头是否对中。

③在砂黏土和砂土中钻进,直接用旋挖筒成孔和取渣。在砾石和砂卵石层中钻进,应先用螺旋钻头将其松动,再用旋挖筒取渣。

④旋挖钻机不能自身造浆,应直接向孔中补充新浆,泥浆指标要求与旋转钻成孔相同。钻机施工过程中保证泥浆循环,泥浆面始终不得低于护筒底部,保证孔壁稳定性。

⑤钻孔过程中根据地质情况控制进尺速度。由硬地层钻到软地层时,可适当加快钻进速度;当软地层变为硬地层时,要减速慢进。

⑥钻头提升出地面一定高度后,旋转底盘转盘将钻头移至旋挖钻机履带侧面场地排渣,排渣后转盘旋转回原来位置,钻头对正孔口位置继续进行下一钻进循环。

⑦旋挖钻机钻孔排出的弃渣,使用装载机铲除,并运至指定位置。

⑧钻至设计高程后,旋挖筒取渣时间要相对延长,但不能加压,既保证能取尽钻渣,又要能避免超钻。

⑨旋挖钻机成孔前必须检查钻头保径装置,钻头直径、钻头磨损情况,施工过程对钻头磨损超标的应及时更换。

(4)成孔与终孔。

①钻孔过程中,应采用钻孔泥浆护壁,以保持孔壁在钻进过程中不崩塌,同时应用碳素笔详细记录施工进展情况,包括时间、高程、挡位、钻头及进尺情况等。

②每钻进 2m(接近设计终孔高程时,应每 0.5m)或在地层变化处,应在出渣口捞取钻渣样品,洗净后收进专用袋内保存,标明土类和高程,以供确定终孔高程。

③钻孔灌注桩在成孔过程中和终孔后,要对钻孔进行阶段性的成孔质量检查,用专用检孔器进行检验,有条件限制时可使用钢筋笼检孔器检验,检孔器外径应比钢筋笼外径大 10cm,长度不得小于孔径的 4~6 倍。

(5)清孔。

①一次清孔。

A.经下放检孔器,确认钻孔合格后,应立即进行清孔。

B.一次清孔需满足规范要求达到的泥浆指标和沉淀厚度,只有在清孔达到规范要求后,才可以吊装钢筋笼,安装导管。

C.大直径或深孔钻孔桩在采用钻机清孔时,待孔底沉淀达到要求后,宜静置一段时间再进行一次清孔。

②二次清孔。

A.在吊入钢筋笼以后,混凝土浇筑前,对孔内的泥浆指标和沉淀厚度须再次进行检测。如超过规定,用导管和水泵进行二次清孔。

B.不论采用何种方法清孔,在抽渣或吸泥时都应及时向孔内加注清水或新鲜泥浆,保持孔内水位或泥浆面高程。

C.二次清孔合格后必须立即浇筑混凝土,各工序应紧密衔接,静置时间不得过长。

5)钢筋笼加工及就位

(1)加工后的钢筋笼存放时,每隔 2m 设置衬垫,使钢筋笼高于地面 5cm,钢筋笼应加盖防雨布。

(2)钢筋笼吊装前,应将钢筋笼上粘附的泥土和油渍清除干净。

(3)应根据每节钢筋笼的长度、质量及施工现场的起重条件,选用合适的起重设备。

(4)吊装时应采取措施避免钢筋笼变形。

(5)桩基钢筋连接应采用机械连接工艺,应优先选用镦粗直螺纹连接。

(6)钢筋笼安装到位,经检查无误后应采取可靠定位措施,防止混凝土浇筑过程中钢筋骨架上浮或下沉。

使用机械套管的镦粗直螺纹钢筋接头,应满足以下要求:

(1)螺纹套筒的长度应比现行《钢筋机械连接用套筒》(JG/T 163—2013)规定的最短长度长 1cm,其两端应有塑料保护塞保护,出厂合格证应规范,内螺纹不得有缺牙、错牙、污染、生锈、机械损伤等严重现象。

(2)钢筋下料裁切时,应在砂轮切割机上切头 0.5 ~ 10mm,以确保端部平整,不得有马蹄形、挠曲、缺角或与钢筋轴线不垂直的现象,确保钢筋端部顺直。

(3)机械套管连接时,必须使竖向主筋对号,再同步拧紧套管,使套管两端正处于上下主筋已标明的画线上,否则应重新调整,以确保钢筋连接质量。

(4)丝头应有塑料保护套,不得有污染、生锈、机械损伤现象。严格按现行《钢筋机械连接用套筒》(JG/T 163—2013)规定的方法和要求,建设单位、监理单位应确保接头性能检验、套筒检验和丝头检验的抽查验收频率、取样送检的接头数量和批次。

6)检测管安装

(1)所有基桩均应按现行《公路工程基桩动测技术规程》(JTG/T F81—01—2004)要求埋设检测管,采用超声波法进行基桩完整性检测。

(2)每根桩应埋设不少于 3 根检测管。

(3)检测管应采用金属管,内径不小于 40mm,壁厚不小于 3.0mm。

(4)每隔一个定位架钢筋应焊接一个检测管定位环,定位环直径比检测管外径大 10mm。检测管对接采用套管连接。

(5)安装在各节钢筋笼内的检测管应一一对应配置,相邻节段对应接头应做好标识。

(6)检测管下端封闭、上端加盖,管内无异物,连接处应光滑过渡,不漏水。管口应高出桩顶 100mm 以上,且各检测管管口高度应一致。

7)水下混凝土灌注

(1)导管直径应按桩长、桩径和每小时需要通过的混凝土数量确定,可参照表 3-2。导管的壁厚应满足强度和刚度的要求,确保混凝土安全浇筑。

导 管 直 径　　表3-2

导管直径(mm)	通过混凝土数量(m^3/h)	桩径(m)
200	10	0.6~1.2
250	17	1.0~2.2
300	25	1.5~3.0
350	35	>3.0

(2)导管在使用前和使用一段时期后,应对其规格、质量和拼接构造进行认真检查,并做拼接、过球和水密、承压、接头、抗拉等试验。

(3)导管埋深应严格按照规范要求执行。

(4)水下混凝土的强度、抗渗性能、坍落度等,应符合设计和规范的要求。混凝土的生产能力应满足桩孔在规定时间内灌注完毕的要求。灌注时间不得长于首批混凝土初凝时间。对于灌注时间较长的桩,应在混凝土中掺入缓凝剂。

(5)灌注前应检查拌和站、料场、浇筑现场的准备情况,确定各项工作准备就绪后方可进行。混凝土拌和物运至灌注地点时,应检查其均匀性与坍落度。如不符合规范要求,不得使用。

(6)首批混凝土灌入孔底后,应立即测探孔内混凝土面高度,计算出导管内埋置深度,如符合规范要求,即可正常灌注。如发现导管内进水,表明出现灌注事故,应立即进行处理。

(7)为防止钢筋骨架上浮,当灌注的混凝土顶面距钢筋骨架底部1m左右时,应降低混凝土的灌注速度。当混凝土上升到骨架底口4m以上时,应提升导管,使其底口高于钢筋骨架底部2m以上,即可恢复正常灌注速度。灌注开始后,应紧凑、连续地进行,严禁中途停顿。

(8)要加强灌注过程中混凝土高度和混凝土灌注量的测量和记录工作,可按照每灌注$8m^3$测一次(约一罐车混凝土),及时绘制成曲线,以确定桩的灌注质量。在进行水下混凝土灌注时,严禁用泵车泵管直接伸入导管内进行灌注,必须要经过料斗进行灌注(若将泵管直接伸入导管里面进行灌注,易产生混凝土离析,同时在导管内易产生高压空气囊,从而形成堵管)。

(9)在灌注将近结束时,由于导管内混凝土柱高度减小,超压力降低,而导管外的泥浆及所含渣土稠度增加,相对密度增大。如在这种情况下出现混凝土顶升困难时,可在孔内加水稀释泥浆,并掏出部分沉淀土,使灌注工作顺利进行。在拔出最后一段长导管时,拔管速度要慢,以防止桩顶沉淀的泥浆挤入导管下形成泥心。

(10)为确保桩顶混凝土质量,灌注的桩顶高程应比设计高出一定高度,一般为0.5~1.0m,以保证混凝土强度,多余部分应在接桩前凿除,桩头应无松散层。

3.1.5　质量控制

(1)钻孔灌注桩质量检验可参照现行《公路工程质量检验评定标准　第一册　土建工程》(JTG F80/1—2004)及《公路桥涵施工技术规范》(JTG/T F50—2011)中相关要求执行。

(2)所有桩基必须进行无破损检测,对检测结果有缺陷的桩,应进行钻芯检验。若钻芯桩存在重大质量问题,应加倍扩大钻芯数量。

(3)桩检结果应保证Ⅰ类桩不得低于95%。检测出现Ⅲ类桩时,则应原桩位冲孔恢复。

(4)对检验桩身质量不符合要求时,应研究处理方案,报批处理。

3.1.6 安全文明

(1)遵守水上作业操作规程,戴安全帽、穿救生衣、系安全带、穿防滑鞋。水上作业平台的搭设参照《内蒙古自治区高等级公路建设施工标准化指南 第一分册 工地建设》相关内容。

(2)所有制浆池、储浆池、循环池、沉淀池周围应设防护设施和安全指令标志,必须采用钢管和防护网将泥浆池四周维护,在人员宜靠近区域设置"泥浆池危险请勿靠近"的警示标牌,夜间加强照明,防止人员误入泥浆池。桩基施工完毕后,施工现场的制浆池、储浆池、循环池、沉淀池应清淤回填,分层碾压。

(3)桩机作业区域应平整,必须采取安全防护措施,并设立警示标志,非工作人员未经批准不得入内。在进行钻机安装时,机架应垫平,保持稳定,不得产生位移或沉陷,钻架顶端应用缆风绳对称张拉,地锚应牢固。钻机需设工程标示牌,标明所施工桥名、墩台及桩位编号、护筒顶高程、设计桩长及桩底高程等,施工中应做好详细钻孔记录,保留好渣样。

(4)禁止随地排放泥浆和钻渣,钻渣应外运到指定弃土场。制浆材料的堆放地应有防水、防雨和防风措施,弃渣泥浆应及时外运,废弃后应回填处理,防止人员落入池内。

(5)沉淀池禁止设在正线路基上,其开挖深度不得超过2m,以便于晾晒处理。循环池位置选择应在征地线以内,且不得影响施工便道。桩基施工完毕后,施工现场的循环池和沉淀池应清淤回填,分层碾压。

(6)对起吊设备应经常进行安全检查,对破损部件应及时更换,确保安全。旋转钻机进钻时,高压胶管下不得站人。钻孔施工设备停放地点应平整、夯实,并避开高压线。

(7)在有通航要求的水域施工时,应按要求做好通航导航标志。

3.2 挖孔灌注桩

3.2.1 一般要求

(1)人工挖孔桩严禁用于软土或易发生流沙的场地[包括:软土(淤泥、淤泥质土)、地下水位以下的砂层、粉土夹砂层和粉土,富含承压水砂岩强风化带(或残积层)区域]。地下水位高的场地,满足挖孔条件的,应先降水后施工。

(2)对存在释放有毒、有害气体的岩土,禁止使用人工挖孔桩。

(3)人工挖孔桩必须经建设单位和总监办同意后才能施工。

(4)平整场地要以施工中用到的最大机械为参考。进场前应清除坡面危石浮土,坡面有裂缝或坍塌迹象者应加设必要的保护,铲除松软的土层并夯实。

(5)准确施放桩基中心线,合理确定开孔高程。在孔周围确立十字线四点,并设置护桩,以及时检查并纠正偏位情况。挖孔作业的高程水准点由控制水准点引至护壁顶。

(6)对空压机、卷扬机和焊机等用电量大的设备,应设专线供电。需要下护筒的孔桩应根据振动锤的电流电压设置合适的变压器。

(7)必须集中力量连续作业,以组织4班制作业为宜。每班3~4人开挖,每4组配备1名电工,井上、井下人员应该交替更换。

(8)护壁混凝土优先使用拌和站混凝土。若具有特殊原因的可使用强制式搅拌机拌和,严禁人工拌和。

(9)挖孔桩施工现场必须采取封闭管理,桩孔四周必须全部围起,施工完后孔口必需封盖严密,无关人员严禁进入工地。

3.2.2　材料要求

混凝土拌和所用砂石、水泥、外加剂及钢筋可参照钻孔灌注桩内容。

3.2.3　施工工序

挖孔灌注桩施工工序流程可参照图3-2。

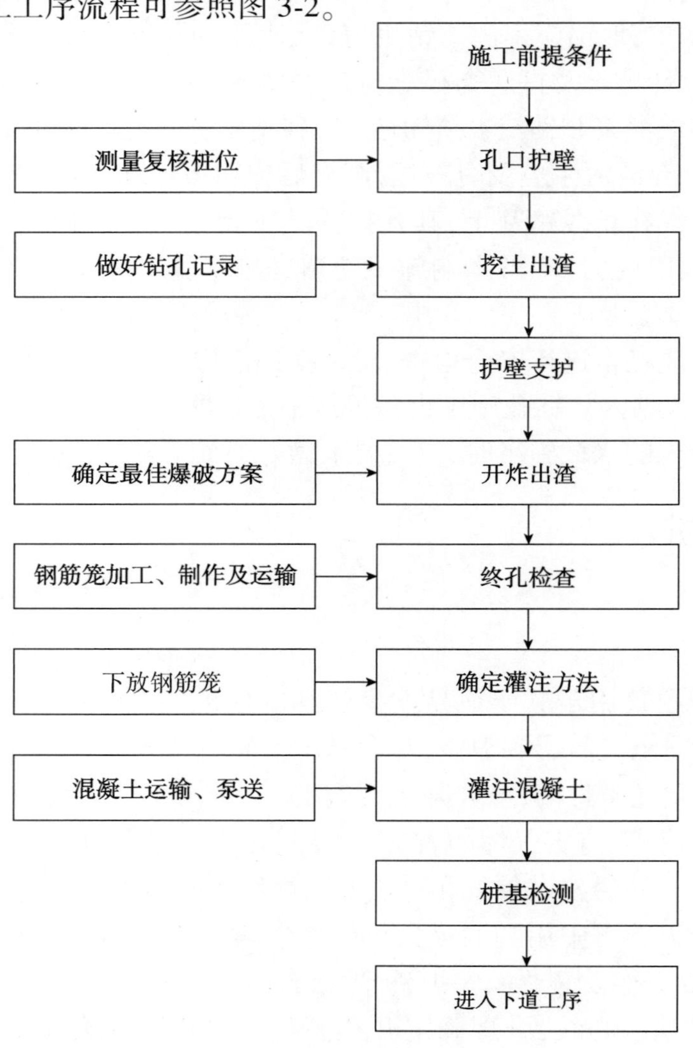

图3-2　挖孔灌注桩施工工序流程

3.2.4 施工要点

1)挖土出渣

(1)孔口第一节混凝土护壁必须高出地面30cm以上,护壁混凝土强度小于2.5MPa时不宜爆破作业。

(2)挖孔时如有水渗入,应及时支护孔壁,防止渗水在孔壁流淌浸泡造成坍孔。如孔内水量较大时应及时抽水。若土层松软,地下水较大者,应对角开挖,相邻两根桩严禁同时开挖,以避免孔间隔层太薄造成坍塌。

(3)挖孔直径应按设计桩径加20cm控制截面大小,挖孔过程中,不必将孔壁修成光面,要使孔壁稍有凹凸不平,以增加桩的摩擦力。

(4)孔内遇到岩层须爆破时,应专门设计。施工时应按照施工组织设计的要求进行打眼放炮,严格控制用药量,以松动为主。放炮前孔口应加防护盖,防止石渣飞出。孔内放炮后应立即排烟,并经检查孔内无有害气体后,人员方可下孔施工。

(5)在挖孔过程中,须经常检查桩径尺寸、平面位置和倾斜度。挖孔掘进和护壁这两道工序必须连续工作,尽量不停顿,以防坍孔。出渣时卷扬机应慢速提升。

(6)挖孔临近至设计终孔高程以上50cm处应采用风镐开挖,严禁爆破开挖。

(7)当临近一孔进行爆破及浇筑混凝土时,孔内的作业人员应撤离至安全地带。

(8)应经常检查有害气体浓度,二氧化碳含量超过0.1%,其他有害气体超过允许浓度或孔深超过10m时,均应采用机械通风措施。

(9)开挖过程中,地面排水设施良好通畅。

(10)孔内弃渣应及时运走,不得堆弃在孔口周围。

2)护壁支护

(1)在土质或孔周地质破碎松软条件下,须设置混凝土护壁,以确保施工安全。护壁模板应具有足够刚度,保证护壁混凝土圆(直)顺及孔径、孔的倾斜度符合要求。

(2)护壁混凝土强度等级不低于C20。当作为桩身混凝土一部分时不应低于桩身混凝土强度等级,遇到不良地质时,应加强护壁或降水设施,必要时采用钢护筒防护。每挖掘0.8~1m深时,须立模浇筑混凝土护壁。两节护壁之间留10~15cm的空隙,以便混凝土的浇筑施工。护壁模板应在护壁混凝土浇筑完成24h后方可拆除。

(3)每节护壁混凝土施工均应在当日连续施工完毕。

(4)灌注护壁混凝土时,可用敲击模板或用竹竿木棒反复插捣密实。

(5)发现护壁有蜂窝、渗水现象时,应及时补强加以堵塞或导流,防止孔外水通过护壁流入桩孔内,以防造成事故。

(6)不得在桩孔水淹没模板的情况下灌注护壁混凝土。

3)终孔检验

(1)挖孔时应随进度做好地质记录,以供监理工程师确定终孔高程。

(2)终孔时,孔径、孔深和孔形必须符合设计要求;孔底无积水、松渣、泥污等软层;地质情况符合设计要求。

(3)钢筋笼及检测管安装参照钻孔灌注桩进行。

4)混凝土灌注

(1)孔内无积水时方可采用干灌混凝土法。干灌混凝土的坍落度宜控制在7~9cm,混凝土应从导管式串筒自由倾落,混凝土应边灌注边插实,宜采用插入式振捣器分层振捣,每层振捣高度不超过1.0m。混凝土灌注须连续进行。水下混凝土灌注参照钻孔灌注桩执行。

(2)实际浇筑混凝土量,严禁小于计算体积。

(3)采用干灌法的桩基混凝土顶面高程应高出桩顶设计高程0.5m以上。

(4)混凝土灌注完成后,应立即将表面已离析的混合物和水泥浮浆等清除干净。

3.2.5　质量控制

挖孔灌注桩质量控制要求可参照钻孔灌注桩。

3.2.6　安全文明

(1)桩孔内应有足够的照明、通风、排气设施,同时备有逃生安全爬梯,随桩孔深放长至作业面,不得用人工拉绳运送作业人员或脚踩护壁凸缘上下桩孔。洞口尺寸在50cm以上的,必须设置钢筋防护网,网格间距不得大于20cm。

(2)桩位处应按照驻地建设的要求设立标示牌。在孔边安设警铃,使井下工人可预报险情进行施救。护圈高度应高于地表20cm以上,防止碎石掉落伤人。孔口四周必须搭设防护围栏,围栏应采用钢筋牢固焊制。停止作业时,应派人值班,孔口加盖,并设置围栏和警告标志牌,夜间要有照明,防止人员掉入孔中。

(3)挖孔桩孔口周边0.60m范围内应进行环形硬化,以便于渣土清理及后续钢筋笼、混凝土灌注工作的开展。在桩间系梁施工前,应将硬化区域凿除。挖出的土石方应用车集中运送,孔口不得堆集土渣、机具及杂物,严禁随意乱倒土石方。孔口四周挖排水沟,及时排除地表水,搭好孔口雨篷。

(4)爆破开挖时必须设置警报系统,做好爆破前预告、爆破警告、解除爆破工作。紧靠居民区爆破时,孔口应加钢盖板,上堆沙袋,以防飞石伤人。

(5)在孔边设安全警示标志,现场未安排施工时,应派人值班,孔口加盖,夜间要照明,防止人员掉入孔中。

(6)向周边居民做好安全宣传工作,非工作人员施工期间不得进入工地。减少施工中的噪声、粉尘和振动,做到不扰民。

(7)出渣应使用安全不漏撒的吊桶,吊钩钢丝绳应经常检查,以防断裂。

(8)作业人员必须规范佩戴安全防护用品。孔内应设半圆形防护板,并随挖掘深度逐层下移。

(9)挖孔时,应经常检查孔内有害气体浓度,当二氧化碳或其他有害气体浓度超过允许值或孔深超过10m、腐殖质土层较厚时,应加强通风。

3.3 沉入桩

3.3.1 一般要求

(1)按沉桩方式不同,可分锤击沉桩、振动沉桩及静压沉桩。

(2)沉桩施工前,应根据试桩试验数据,确定桩沉入的施工方案和控制原则,并报请监理工程师审查批准。在沉桩开始前24h通知监理工程师,未经监理工程师书面批准,不得进行沉桩施工。

(3)一般情况下,可采用锤击沉桩或射水沉桩,或者射水配合锤击沉桩的方法。

(4)每一根桩在沉入前,应再次进行检查,经监理工程师确认合格后,方可沉桩。沉桩一经开始,必须连续操作完成,不得中断。

(5)沉桩前应在每根桩的一侧用油漆画上长度标记,以便于沉桩时显示桩的入土深度。沉桩顺序,应由一端向另一端进行。当桩基平面尺寸较大时,宜由中间向两端或四周进行。如埋置有深浅,宜先深后浅;在斜坡地带,宜先坡顶后坡脚。

(6)沉桩过程有明显的排挤土体作用,需考虑对邻近结构的影响。运输、吊装、沉桩过程均应避免桩身的损伤。

(7)贯入度应通过试桩或做沉桩试验后与监理单位、设计单位研究确定。

(8)对沉桩的其他要求应遵照现行《公路桥涵施工技术规范》(JTG/T F50—2011)有关规定。

3.3.2 材料要求

制作桩身的砂石、水泥、外加剂、钢材等原材料,应满足相关规范要求。

3.3.3 施工工序

沉入桩施工工序可参照图3-3。

3.3.4 施工要点

1)锤击沉桩

(1)锤击沉桩应考虑对邻近建(构)筑物和周边土体的影响,对其沉降和位移应进行观测,发现异常时应停止沉桩并研究处理。

(2)打桩机的移动轨道应铺设平顺、轨距正确、轨道钉牢,钢轨端部应设止轮器。

(3)有潮汐的水域,应采用固定平台或专用打桩船。水上打桩平台应与打桩机底座连接牢固。当采用专用打桩船沉桩时,桩架与船体的连接和船体的锚碇应牢固。当其他船舶通过施工区,船行波影响打桩船稳定性时,应暂停沉桩。

(4)桩的吊点应符合设计要求。吊桩时应在桩上拴好溜绳,不得与桩锤或桩机碰撞。

(5)在起吊桩或桩锤时,作业人员不得在吊钩下或桩架龙门口停留。

(6)接长钢筋混凝土管桩时,严禁把手伸入桩头和法兰螺栓孔中。

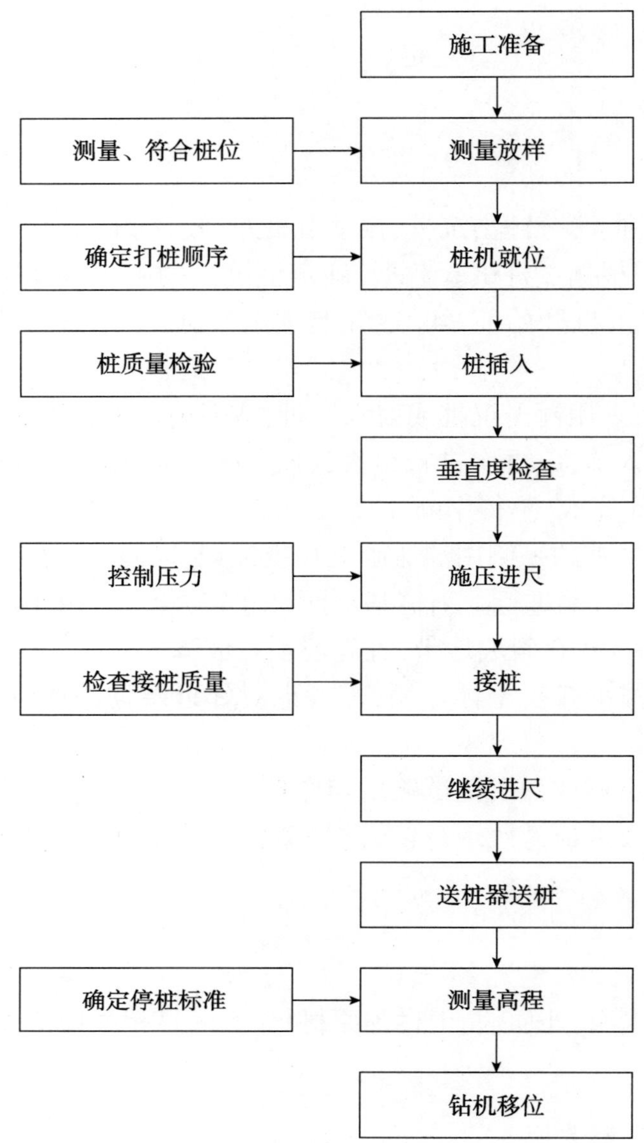

图 3-3　沉入桩施工工序

(7)管桩打好后,应随即将桩口盖好。

(8)在沉桩过程中,遇地基沉陷、桩机倾斜、吊具损坏,必须立即停止施工,采取措施。

(9)打桩机在工作时,严禁进行任何维修。严禁桩锤在悬挂状态下进行检查维修。

(10)打桩机移动时,机体应平稳,桩锤应放在机架的最低位置。采用滚杠滑移打桩机时,工作人员不得在打桩机架内操作。

2)振动沉桩

(1)振动打桩机与桩帽及桩的连接螺栓,应上满拧紧。每振动一次必须进行检查。若有松动,应予处理。

(2)用起重机具悬吊振动锤沉桩时,其吊钩上方应有防松脱的保护装置,并应控制吊钩下降速度与沉桩速度一致,保持桩身稳定。

(3)在沉桩过程中,遇有桩倾斜、回跳,打桩机有异声及其他异常情况时,应立即停振,查明原因处理后方可继续施工。

(4)振动下沉过程中,严禁进行机械保养维修。

(5)桩机停止作业后,应立即切断动力源。

3)静压沉桩

(1)压桩前,应根据压桩地区的水文、地质情况正确估算压桩阻力,选用适当的压桩设备。

(2)桩的吊点应符合设计要求。吊桩时应在桩上拴好溜绳,不得碰撞桩机。

(3)在起吊桩或压桩时,作业人员不得在吊钩或桩架下停留。

(4)压桩过程中,应保持桩机压梁中轴线与桩中轴线在同一直线上。发生桩身倾斜应立即停止加压,查明原因处理后方可继续施工。

(5)压桩机严禁超负荷运行。当压桩阻力超过压桩机能力时,应立即停止施工,避免发生断桩或倒架事故。

3.3.5 质量控制

(1)管桩进场时,对桩身质量应按标准进行验收,并应由专人记录有关质量验收数据。

(2)全部沉桩过程中应安排专人对桩的编号、沉桩质量、沉桩顺序等进行全面严格的监控。

(3)施工过程中应严格控制桩的设计高程及水平位移。

(4)沉桩过程中应加强邻近建筑物、地下管线等的观测与监护。

3.3.6 安全文明

1)桩的吊运与堆放

(1)混凝土桩支点应与吊点在一条竖直线上,堆放时应上下对准;堆放层数不宜超过4层;钢桩堆放支点应布置合理,防止变形;钢管桩应采取防滚动的措施,堆放高度不得超过3层。

(2)施工前应根据桩的长度、质量选择适宜的起重机和运输车辆;桩的堆放场地应平整、坚实,不积水。

(3)起重机吊桩应缓起,宜设拉绳保持稳定,桩长超过运输车厢时,车辆转弯应速度缓、半径大,并应观察周围环境,确认安全。现场吊装使用起重机应符合下列要求:

①作业场地应平整、坚实,地面承载力不能满足起重机作业要求时,必须对地基进行加固处理,并经验收确认合格。

②现场配合吊桩的全体作业人员应站位于安全地方,待吊钩和桩体离就位点距离50cm时方可靠近作业,严禁位于起重机臂下。

③构件吊装就位,必须待构件稳固后,作业人员方可离开现场。

④作业前施工技术人员应了解现场环境、电力和通信等架空线路、附近建(构)筑物和被吊桩等状况,选择适宜的起重机,并确定对吊装影响范围的架空线、建(构)筑物采取的挪移或保护措施。

⑤大雨或风力6级及6级以上等恶劣天气,不得进行露天吊装。

⑥吊装中遇地基沉陷、机体倾斜、吊具损坏或吊装困难等,必须立即停止作业,待处理并确认安全后方可继续作业。

⑦现场及其附近有电力架空线路时应设专人监护,确认起重机与电力架空线路的最小距离必须符合相关规定的要求。

⑧吊桩作业前应划定作业区,设护栏和安全标志,严禁非作业人员入内。吊桩作业必须设信号工指挥,指挥人员必须检查吊索具、环境等状况,确认安全。吊装时,吊臂、吊钩运行范围,严禁人员入内。吊桩中严禁超载。吊桩时应先试吊,确认正常后方可正式起吊。

(4)桩的吊点位置应符合设计或施工设计规定;预制混凝土桩起吊时的强度应符合设计规定,设计无规定时,混凝土应达到设计强度的75%以上。

2)沉桩

(1)正确使用个人防护用品和安全防护设施。进入现场,须戴安全帽,安全帽应按规定使用,定期检查,不符合要求的严禁使用。

(2)参加施工的工人,要熟悉本工种的安全技术操作规程,属特殊工种的必须持证上岗。操作中,坚守岗位,严禁酒后操作。

(3)施工现场的洞、坑、沟的通道口等危险处,应设有盖板、围栏、安全网等防护设施及明显标志。

(4)不得光脚或穿拖鞋、高跟鞋进入现场;不准在施工时任意抛掷工具、物件;不准在作业时打闹、戏耍。

(5)机械设备使用前,应先细致检查各种部件和防护装置是否齐全灵敏、可靠,然后进行试车运转。

(6)使用过程中要注意运转情况,发现零部件损坏或运转不正常时,要立即停机,并报请专业人员修理。在未修好前,不得使用。

(7)机械设备必须有带漏电保护器和功率相符的配套器软线。

(8)遇到恶劣气候(如6级以上大风)应停止作业,必要时应采取拉缆风绳等加固措施,以防倾倒。

(9)吊装时,吊点位置应可靠牢固。吊物下禁止站人。

(10)桩机电缆不能采取架空处理的,应采取过道保护措施并设置警戒标志。

3.4　明挖基础

3.4.1　一般要求

(1)施工前人员组织、便道修建、技术资料准备和交底、材料进场与检验等参照本章第3.1.1条相关内容。

(2)明挖基础宜在少雨季节施工。基坑顶面应在开挖前做好防、排水设施,排水措施应有效。深基坑施工应采用坑外降水,防止邻近建筑物产生危险沉降。

(3)基坑坑臂坡度不稳、较大或放坡开挖场地受限、工程量大等,应根据设计要求进行支护。若无设计要求,应结合实际情况选择适宜的支护方案。

(4)基坑顶面若有动荷载时,坑口边缘与动载间的安全距离应根据基坑深度、坡度、地质和水文条件及动载大小等情况确定。坑顶边与动荷载间应留有不小于 1m 宽的护道,如动荷载过大宜增宽护道。如工程地质和水文地质不良,应采取加固措施。

3.4.2 材料要求

基础所用砂石、水泥、外加剂、钢筋等材料应符合相关要求。

3.4.3 施工工序

在明挖基础施工前,承包人应编制施工工序流程图,作为各工序施工操作、保证施工进度的依据,并悬挂在现场。明挖基础施工工序可参照图 3-4 进行。

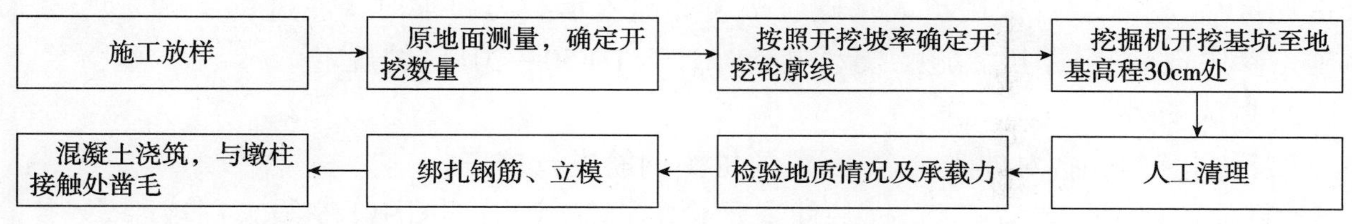

图 3-4 明挖基础施工工序流程

3.4.4 施工要点

1)基坑开挖

(1)当基坑为渗水的土质基底,坑底尺寸应根据排水要求(包括排水沟、集水井、排水管网等)和基础模板设计所需基坑大小而定。基础断面边缘至少较设计断面宽 1m 以上。

(2)基坑顶应留有不小于 1.0m 的护道。各种堆载(弃土及材料堆放)高度不得超过 1.5m,距坑缘应不小于 0.5m,机械及机车通道距坑缘应不小于 2.0m。

(3)基坑坑壁坡度应按地质条件、基坑深度、施工方法等情况确定。对于坑缘顶地面较破碎或有裂缝的情况,应采取临时支撑措施,确保安全施工。位于居民生产生活区的基坑,应设置警示标志和有效的隔离防护设施。

(4)开挖基坑时,应合理选择开挖机械,确定开挖顺序与路线,尽可能将墩台基坑土方一次挖除。挖至高程的土质基坑不得长期暴露、扰动或浸泡,并应及时检查基坑尺寸、高程、基底承载力符合要求后,立即进行基础施工。

(5)在开挖过程中,应随时检查边坡的稳定状态。深度大于 1.5m 时,应根据土质变化情况做好基坑的支撑准备,以防塌方。

(6)开挖基坑时,不得超挖,避免扰动基底原状土。可在设计基底高程以上暂留 0.3m 不进行机械开挖,应在抄平后由人工挖出。如超挖,应将松动部分清除,其处理方案应报监理单位、设计单位批准。

(7)当土体不稳定时,应根据现场实际情况采用挡板、土钉墙、锚喷等措施对坑壁加以支护。挡板施工基坑时,基坑顶不得堆放机具等杂物,挡板间距应按基础尺寸最小值控制,坑顶排水沟离坑壁1.0m以上,并应有防渗措施。

(8)在机械施工挖不到的土方(如桩基间土方),应配合人工随时进行清除。

(9)开挖基坑的土方,在场地有条件堆放时,一定留足回填需用的优质土。废弃的土石方应及时运至弃土场,防止水土流失。

(10)基坑施工不可延续时间过长,从基坑开挖至基础完成,应抓紧连续施工,基础完成后应及时回填,防止基底受水浸泡。应及时合理排除基坑积水,经处理的基础不得再受水浸泡。

(11)位于斜坡上的明挖基础,应详细审查设计图纸。当开挖后发现地质条件与设计图纸不符时,应及时报告建设单位和设计单位现场验基。

(12)基础底作业面要用厚度不小于10cm的水泥混凝土硬化,硬化面边缘较承台、系梁设计断面至少宽50cm。如基坑内有渗水,基坑四周应开挖排水沟和集水井集中抽水排出。开挖完成后,对于墩台采用扩大基础应按设计地基承载力要求对基底进行承载力测试,具体施工参照现行《公路桥涵施工技术规范》(JTG/T F50—2011)的规定。

2)钢筋安装

(1)绑扎钢筋前,对伸入承台、系梁的桩头钢筋进行校正。

(2)预留孔洞位置应正确,桩基伸入承台的钢筋等均应按图纸安装牢固或焊牢,其高程、位置、搭接锚固长度等尺寸应准确,不得遗漏或位移。

(3)钢筋应按顺序绑扎,一般情况下,先长轴后短轴,由一端向另一端依次进行。操作时按图纸要求画线、铺铁、穿箍、绑扎,最后成形。

(4)受力钢筋接头位置应正确。其接头相互错开。

(5)保护层控制:用于支垫承台底部钢筋的混凝土垫块,厚度不宜小于50mm,间隔不宜大于1.0m;侧面的垫块应与钢筋绑牢,不得遗漏。

(6)钢筋安装完毕应及时冲洗掉表面粘附的泥土等杂物。

3)模板安装

(1)应先制订明挖基础或承台等模板安装方案,并经计算确定对拉螺栓的直径、长度、位置和纵横龙骨、连杆点的间距及尺寸。

(2)模板安装后,应对断面尺寸、高程、对拉螺栓、连杆支撑等进行预检,均应符合规范要求。

(3)不得使用砖砌、土模等方式替代模板,推荐用大块组合钢模。

(4)模板支设后用砂浆将模板四周缝隙进行封堵,防止漏浆。

(5)测量承台、基础顶高程,保证模板高度高出设计高程至少2mm。

4)混凝土施工

(1)明挖扩大基础混凝土浇筑模板严禁使用土模或编织袋,必须采用组合钢模。

(2)混凝土灌注时,应采用泵送或串筒灌注,罐车运输。

(3)大体积基坑混凝土浇筑必须设置冷却管,通过循环冷却水确保混凝土内外温差不大于25℃。

3.4.5 质量控制

(1)基坑挖至设计高程后,应立即进行报验基底的尺寸、高程及基底承载力,并及时进行施工,防止基坑暴露时间过长。

(2)开挖好的基底各项质量要求如下:

①基底承载力不得小于设计要求,如果不能满足,应及时进行处理。

②平面周线位置不得小于设计要求。

③基础底面高程控制规定:土质基坑控制在±50mm 范围内;石质基坑控制在-200~+50mm范围内。

(3)明挖基础内的钢筋加工及混凝土施工,具体可参照现行《公路桥涵施工技术规范》(JTG/T F50—2011)的要求。

(4)砌体应表面平整、直顺圆滑、勾缝平顺、无脱落现象。

3.4.6 安全文明

(1)基坑防护设施设置参照本指南《安全生产》的相关章节。

(2)基坑开挖出的废渣应及时清理,运至指定的弃土场。深基坑施工严禁抛物,应设置禁止标志。

(3)基坑施工光线不足时,应设置足够照明。

(4)开挖出的基坑土方、废渣应及时外运,基坑深度超过 2m 时,边缘应设置防护栏杆,作业人员应设置专用通道。基础施工结束后,应及时进行回填。

3.5 承台

3.5.1 一般要求

(1)基坑四周应做好排水设施,距离开挖线边缘 1m 以外搭设高度不小于 1.2m 的防护栏杆,栏杆上挂设明显的防坠落、防触电等安全警戒标记。

(2)基坑内应设置供人员上下的爬梯。

(3)基坑开挖出的多余废渣应及时清理运走,运至指定的弃土场。

(4)基坑需爆破开挖时,按照当地公安部门要求办理相关手续。

3.5.2 材料要求

基础所用砂石、水泥、外加剂、钢筋等材料应符合相关要求。

3.5.3 施工工序

在承台施工前,承包人应编制施工工序流程图,作为各工序施工操作、保证施工进度的依据,并悬挂在现场。承台施工工序为:清理基坑→绑扎钢筋→立边模→混凝土浇筑→养护、与墩柱接触面凿毛。

3.5.4 施工要点

(1)桩头凿除应采用人工凿除,严禁采用炸药或膨胀剂等材料进行。

(2)伸入承台的墩柱与台身钢筋准确预埋到位,并与桩主筋进行焊接,预埋筋轴线偏位不得超过10mm,对柱或台身范围内的混凝土表面应进行拉毛,其余部分顶面应抹平压光。

(3)处于潮汐区的钢套箱,应利用水位变化检查套箱底和侧墙的封水情况,侧墙接缝宜采用焊接,套箱内应设置必要的拉杆或井字横撑。在施工期间,必须保持拉杆或横撑处于工作状态,不得随意割除。

(4)进行水下混凝土封底前,应清除淤积在套箱底的淤泥,并派潜水员检查桩基与套箱预留孔之间的堵水情况。

(5)混凝土施工:

①浇筑干混凝土时,应避开雨天或晴热天气,并提前做好防雨措施。大体积混凝土应设冷却系统等降低混凝土水化热的设施,所用水泥应明确其3d的水化热不宜大于240kJ/kg,7d的水化热不宜大于270kJ/kg。

②水中承台的混凝土运输采用输送泵或运输船等方法进行,应充分考虑混凝土的坍落度损失,输送泵输送混凝土时,坍落度一般控制在14~16cm。

③混凝土应达到设计强度的70%后,方可进行套箱内抽水。抽水时严格控制速度,以确保安全。

④当承台厚度超过1.5m时,则必须设置冷却管,通过循环冷却水确保混凝土内外温差不大于25℃。

⑤混凝土拆模时间确定,除应满足强度要求外,混凝土浇筑体表面与大气温差不应大于20℃,当模板作为保温养护措施的一部分时,其拆模时间应依据温控指标要求确定。

3.5.5 质量控制

基坑挖至设计高程后,应对基础尺寸、高程及地基承载力等进行报验,并应及时进行基础施工,防止暴露过久。

3.5.6 安全文明

(1)用挖掘机开挖基坑时,必须专人指挥,防止机械伤人和坠土伤人。挖掘机的工作范围内,严禁进行其他工作。

(2)基坑边上不得堆码各种机具、材料等。

(3)多台挖掘机进行开挖时,其间距应大于10m。

(4)开挖应按由上向下的顺序进行,分层开挖。

(5)基坑开挖应严格按要求进行放坡,开挖过程中发现边坡有坍塌现象,应立即放坡或做支撑处理后再开挖。

(6)基坑四周应设高度不小于1.2m的栏杆。

(7)夜间作业时必须有足够的照明设施,在危险地段应设置明显的警示标志和护栏。

(8)开挖时,现场要有专职安全员进行巡查,发现问题应及时处理。

4 下部构造

4.1 桥台

4.1.1 一般要求

(1)桥台施工前,应完成有关施工技术文件及施工方案的编制,经审核批准后方可进行施工。

(2)完成墩柱的测量放样,并保证精度符合规范要求。

(3)施工技术人员应对作业班组进行详细的技术、安全等方面交底,明确质量、安全控制重点。

(4)位于软土地基的桥台,应根据土层厚度及物理力学性质,采取换填、砂砾垫层、袋装砂井、生石灰桩、真空预压等措施进行处理,确保地基承载力满足设计及规范要求。

(5)对于风化岩层,应按基础尺寸凿除已风化的表面岩层,然后浇筑桥台基础。

4.1.2 施工准备

(1)现场安全质量保证体系已建立,并已明确工点、工序负责人。

(2)所需机械、设备等已准备就绪。

(3)水泥、砂、碎石、钢筋等材料已全部进场,配合比已批复。

(4)桥梁基础已检测完成,桥台测量放样已经完成。

(5)设计图纸及文件已审核,提出的问题已得到相关部门的回复,并已对班组进行详细的技术交底。

(6)分项工程开工报告已得到批复,施工现场的劳动力满足施工进度的要求,施工进度计划及分项工程的施工方案已得到批准。

4.1.3 施工工序

在桥台施工前,承包人应编制施工工序流程图,作为各工序施工操作、保证施工进度的依据,并悬挂在现场。桥台施工工序(图 4-1)可参照如下进行:

模板及混凝土原材料准备→桥台施工放样→搭设脚手架→绑扎钢筋→架设模板→浇筑混凝土→混凝土拆模、养护→立设顶帽及侧墙模板→拆模、养护。

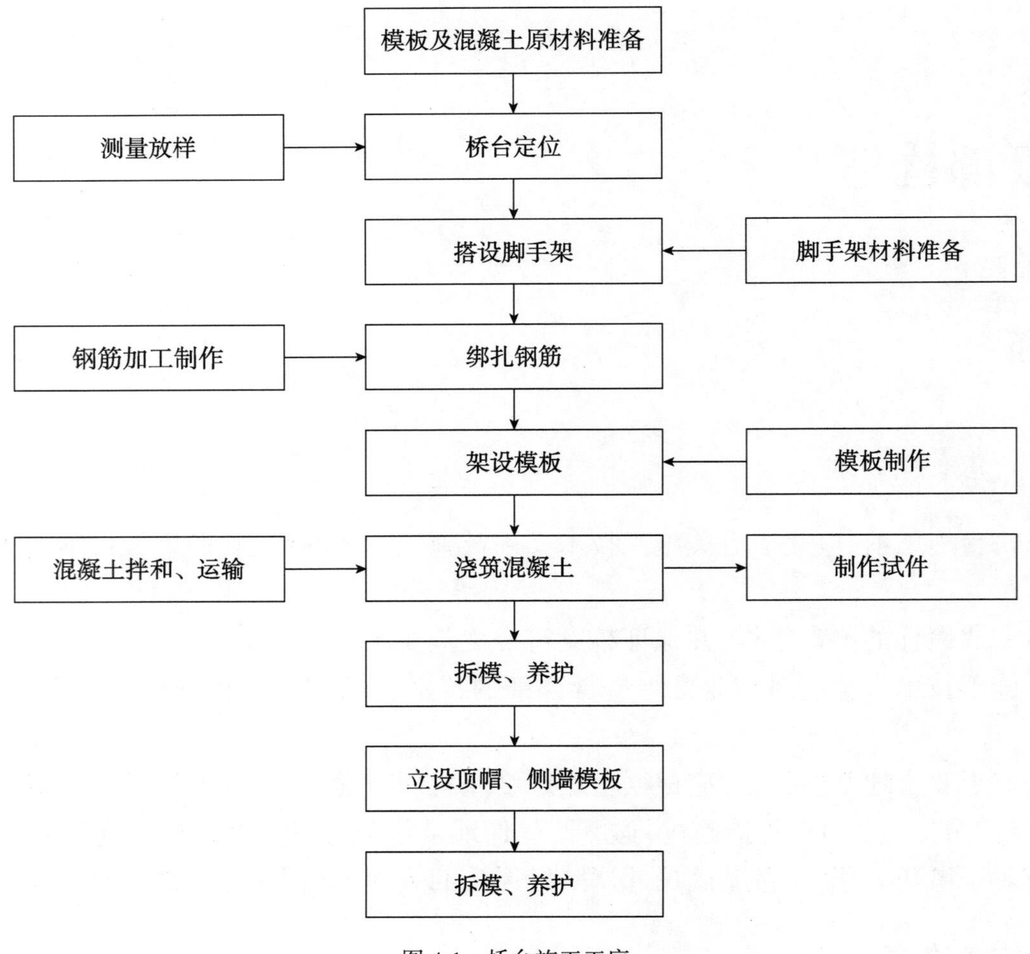

图 4-1　桥台施工工序

4.1.4　施工要点

（1）模板应符合以下要求：

①一般采用大块钢模（尺寸大于 1.5m×1.0m）或大型竹胶板拼装，严禁使用自制木模，模板刚度应满足规范要求。

②竹胶板在使用过程中的穿眼应采用电钻的方式进行，严禁使用乙炔等方式进行烧割，模板的切割应采用电锯的方式进行。

（2）大体积桥台混凝土浇筑应选择适合天气，在一天中气温较低时进行，配合比时应适当控制水化热速度。混凝土的坍落度宜控制在 5～8cm。

（3）模板及支架的拆除、混凝土养护符合相关规定要求。

4.1.5　质量控制

（1）桥台的模板安装允许偏差应符合下列要求：

①模板高程：±10mm。

②模板内部尺寸：±20mm。

③轴线偏位：8mm。

(2)应注意桥台侧墙防撞护栏钢筋的预埋位置准确,确保与预制梁的防撞护栏预埋钢筋处于同一直线上。桥台背墙顶面的伸缩缝钢筋预埋高度、间距等应严格按照图纸执行。桥台顶帽支座钢板的预埋,应保证位置准确,钢板预埋采用与顶帽钢筋固定等方式,保持钢板顶面水平。

(3)混凝土表面无蜂窝、麻面,水气泡小而少,无裂纹、表面平整、密实、光洁,混凝土色泽均匀一致,混凝土表面不漏筋、不露垫块。

4.1.6 安全文明

(1)根据工程特点编制单项施工方案及安全技术措施,并向施工人员进行技术交底。

(2)模板的吊装需专人指挥,吊装作业时闲杂人员应撤离现场。

(3)施工现场应悬挂临时安全警示牌,位置应明显。

4.2 立柱

4.2.1 一般要求

(1)完成有关立柱的施工技术文件和施工方案编制,并经审核批准。

(2)施工技术人员与工人应全部到位,并进行技术交底,明确质量、安全、工期及环保等要求。

(3)桥梁基础应检测完成,并符合有关要求。完成立柱的测量放样,其精度应满足规范要求。

(4)混凝土应在统一的拌和场进行拌和,所使用的沙、石、水泥、外加剂等原材料要通过试验检测并合格。现场要对混凝土拌和进行技术与质量交底。拌和场的建设与相应要求参见拌和场标准化建设实施细则相关内容。

(5)混凝土应按一定顺序、厚度、方向分层浇筑,应在下层混凝土初凝前浇筑完成上层混凝土,并用振捣器充分振捣。

(6)每座桥梁墩柱开工前,应先做试验墩,以检查模板质量、混凝土外观质量及色泽等,获得批准后方可进行全面施工。

(7)每座立柱浇筑完成后,应在立柱上用红油笔写上浇筑完成日期、现场技术负责人、监理旁站人等信息,以备检查。

4.2.2 施工准备

(1)钢筋、水泥、砂、碎石、泥浆等材料均应到场,并通过检验。

(2)钢筋应在统一的钢筋预制场内进行加工,所使用的钢筋要通过试验检测合格。现场要对钢筋的制作加工进行技术与质量交底,采用镦粗直螺纹钢筋接头的应配备滚丝机和镦粗机。钢筋预制场的建设与相应要求参见钢筋预制场标准化建设实施细则相关内容。

(3)用于立柱的Ⅱ级钢筋直径超过25mm的连接不宜采用焊接,应采用镦粗直螺纹钢筋接头机械连接,接头必须按照有关试验规范进行试验和验收。

4.2.3　施工工序

在立柱施工前，承包人应编制施工工序流程图，作为各工序施工操作、保证施工进度的依据，并悬挂在现场。立柱施工工序可参照图 4-2 进行。

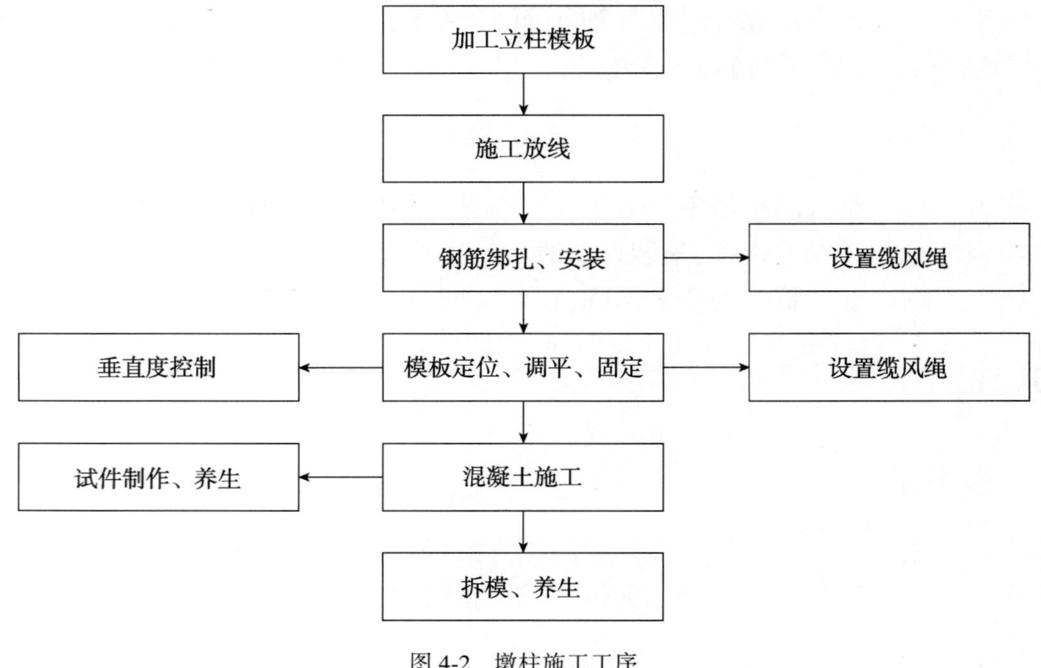

图 4-2　墩柱施工工序

4.2.4　施工要点

1）钢筋

（1）立柱钢筋笼、盖梁钢筋骨架加工制作及钢筋接头加工可参见第 3 章 3.1.4 条第 5 点的有关要求。盖梁钢筋应采用梅花形高强砂浆保护层垫块。

（2）对于固结墩施工盖梁，应注意固结墩钢筋的预埋，非固结墩应注意支座钢板的预埋，以保证位置准确。钢板的预埋采用与盖梁固定等方式，保持钢板顶面水平。

2）模板

（1）立柱模板应采用定型大块钢模，在设计立柱模板时，面板厚度不得小于 5mm，以保证模板具有一定的刚度，起吊和灌注时不易产生变形。面板的变形量最大不应超过1.5mm。模板上施工荷载不得超过规定值，模板上堆料应均匀。

（2）立柱模板制作完成后应进行试拼，检查模板的刚度、平整度、接缝密合性及结构尺寸等。

（3）模板与钢筋的安装工作应配合进行，模板推荐采用无拉杆模板。

3）混凝土

（1）立柱一次分节浇筑时，浇筑间隔不得超过混凝土的初凝时间。分次分节浇筑时，含系梁立柱先浇筑第一道系梁下柱身，再浇筑第一道系梁，然后浇筑第二道系梁下柱身，接着浇筑第二道系梁，最后完成最上部柱身浇筑。浇筑过程中混凝土落差不得超过 2m，超过 2m

时应采用减速串筒下料,防止混凝土离析。

(2)为保证立柱混凝土外观,浇筑混凝土一定要振捣充分,但切忌过振。对于钢筋比较密集的墩柱,可采用直径30mm振动棒配合直径50mm振动棒振捣。立柱混凝土需分层浇筑,每层30cm为易,浇筑上层混凝土时,振动棒需伸入下层5~10cm。

(3)多次浇注必须严格控制每次浇注的高程及模板接缝,系梁严格按照图纸设置,系梁与柱身交接点模板要求安装精细,外观棱角分明,防止出现错台、挂浆现象。

(4)立柱混凝土浇筑完成后,应及时对柱顶混凝土表面进行刷毛或凿毛。

4)立柱养护

混凝土灌注完成后,应覆盖浇水保湿养护,强度达到2.5MPa时,即可拆模,拆模采用吊车配合,拆模时不得损伤混凝土和模板。拆模后在柱顶安装水桶装置,柱身套封塑料薄膜保湿养护,养护期不少于7d。

4.2.5 质量控制

(1)立柱的模板安装允许偏差应符合下列要求:

①模板高程:±10mm;

②模板的内部尺寸:±20mm;

③轴线偏位:8mm。

(2)混凝土表面不得出现裂缝,无蜂窝、麻面,水气泡很少,表面平整、密实、光洁,混凝土色泽均匀一致,无成片花纹,模板接缝或施工缝无错台,不漏浆,使接缝数量尽可能最少。

(3)对立柱混凝土不允许进行修饰,但在施工过程中,确因混凝土表面存在缺陷且不影响主体结构时,应报监理工程师同意后方可进行修饰,修饰前应拍照存档,修饰材料应确保色泽与结构一致。

4.2.6 安全文明

(1)水中立柱施工安全防护参照工地建设标准化实施细则的有关要求。

(2)工地现场使用的模板、脚手架、木材等周转材料应码放整齐,以保持施工现场整洁文明。立柱施工完成后,对于系梁四周的建筑垃圾应及时清理,运至弃土场。

(3)高空作业人员必须戴安全帽、系安全带、穿防滑鞋,且作业人员所用的扳手、锤头等工具必须用绳挂在工具栏内,防止坠落伤人。

(4)模板的吊装需有专人指挥,吊装作业时,闲杂人员应撤离现场。

(5)拆除模板时,应划分作业区,悬挂警示标志,并按规定的拆模程序进行。拆除区域应设置警戒线且由专人监护、留有未拆除的悬空模板及模板工程应经过验收手续。严防因时间控制不当或野蛮操作造成结构物缺棱掉角。

(6)立柱在施工过程中应设置临时标志牌,标志牌大小为0.3m×0.5m,白底黑字,应包括墩台编号、墩高、结构类型、混凝土强度等级、施工班组等内容。

(7)每个立柱施工完毕后,应及时编墩、台号,并将其标注在左、右幅外侧墩柱、台身上。

①编号路线里程增长方向分别沿左、右幅从起点桥台、立柱到终点桥台按数字 0、1、2、3…进行编号。

②柱身上编号外圆圈直径为 40cm，中文字体为印刷黑体，规格为 10cm×15cm，采用红色油漆标注。

4.3　盖梁

4.3.1　一般要求

（1）盖梁施工的支撑方式，可采用落地支架、抱箍挑架或剪力销托架等，具体采用何种方式应根据现场实际情况通过计算确定。

（2）对在陆地上离地面不高的现浇盖梁，如土质条件好，对地基采取相应处理措施后，可采用落地式支架，对位于水中的现浇盖梁，可利用桩基、系梁及立柱施工时搭设的水上操作平台支撑支架，但应验算其稳定性和沉落量，慎重采用。

（3）立柱、墩身应经过质量检验，盖梁的测量放样应经监理工程师检测合格。

（4）施工前应对墩顶混凝土进行凿毛，凿除松散层，并对圆柱顶部的锚固筋喇叭口进行调整。

4.3.2　施工准备

（1）组织现场施工人员熟悉图纸及施工方法，做好技术和安全交底，保证各工种人员能够做到协调施工。

（2）现场砂石、水泥、水、钢材经试验监理工程师确认合格。

（3）组织落实机械设备、工具的进场，设备开机前先经检查、调试，检查机械设备的运行情况，保证设备的完好、设备的配套设施齐备确定专人专机管理。

4.3.3　施工工序

盖梁施工工序可参照图 4-3 进行。

4.3.4　施工要点

盖梁底板应支设在支架上，水中墩盖梁或陆地上盖梁离地面高度超过 10m 时方可采用抱箍法。采用抱箍法时，墩柱混凝土强度须达到 100%，并采取夹垫土工布、橡胶条等有效保护措施，防止损伤混凝土表面。

1）支架式施工

由于大多数墩柱位于陆地上，对高度较低的墩柱盖梁，宜采用搭设满堂支架施工。施工前将地表碾压夯实、硬化并做好排水措施，支架下设置方木垫梁，防止基础沉陷，支架步距、横距不大于 1m，其顶面能形成较盖梁平面尺寸每侧宽 1.5m 的平台，其上铺设方木并调整好高程再铺设底模、立侧模。

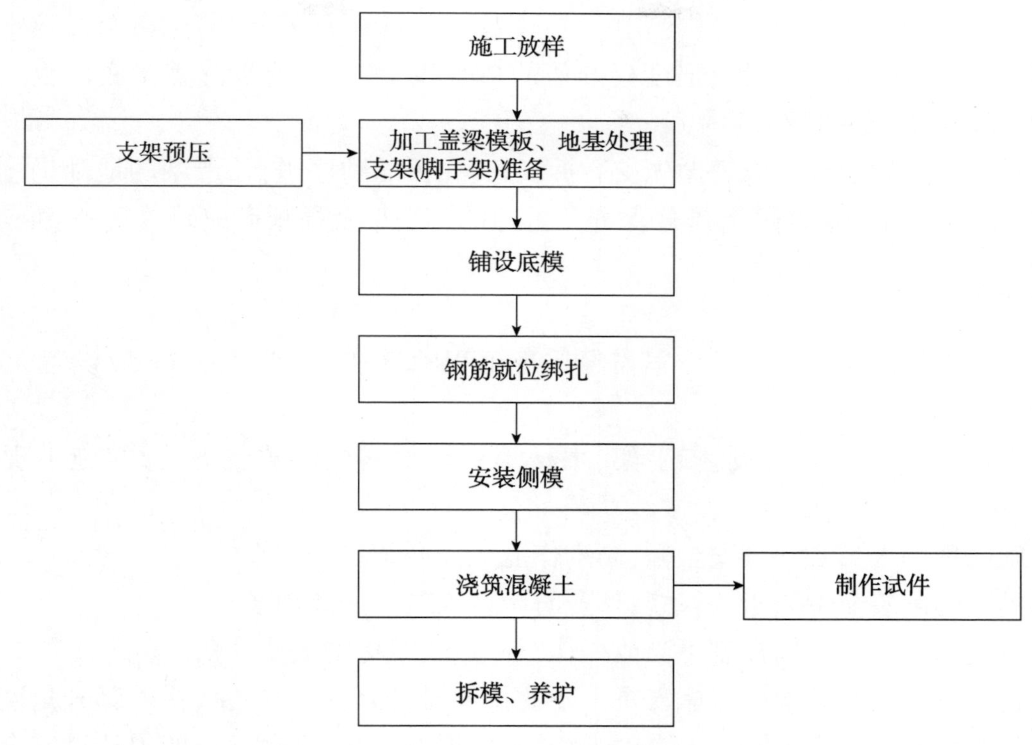

图 4-3　盖梁施工工序

2)抱箍法施工

墩柱混凝土强度达到要求后,凿除墩柱顶部多余混凝土或浮浆,并用水冲洗干净。将抱箍安装在柱顶以下一定位置,抱箍内侧贴橡胶皮,抱箍大小根据墩柱直径来决定,抱箍牛腿安放在顺桥向,其上横桥向安装两根工字钢,型号在实施性施工组织设计时检算后确定,工字钢之间设拉杆连接,并在横梁上安放 10cm×15cm 的方木。铺底模,立侧模。

4.3.5　质量控制

(1)盖梁模板采用定型钢模板,盖梁模板面板厚度应不小于 6mm,起吊和灌注时应不易产生变形,面板的变形量最大不应超过 1.5mm。盖梁模板制作完成后应进行试拼,检查模板的刚度、平整度、接缝密合性及结构尺寸等,以避免给现场使用过程带来难以克服的缺陷及困难。底模分柱间、柱两侧共 3 节加工,端模与侧模连为一体,加工成两大块,安装时用汽车吊配合施工。

(2)盖梁钢筋骨架片的加工与焊接应采用胎膜工艺。盖梁预埋件要与钢筋骨架焊接或绑扎,不得直接插埋。

(3)盖梁钢筋采用整体吊装时,保证成品应具有足够的刚度。

(4)在混凝土灌注前先测定盖梁顶面高程,设置灌注标志线。

(5)盖梁混凝土的浇筑顺序应为从中间向两端对称分层浇筑。

(6)为解决盖梁顶的表面龟裂问题,待混凝土浇筑完成后,应采用木抹子把原浆提至表面,并初平一次,应在混凝土初凝前作粗平,初凝后再作精平。

(7)浇筑盖梁混凝土时,须采取措施(用水冲洗等)防止水泥浆垢污染墩柱,影响外观质量。

(8)当混凝土强度达到设计强度标准值的70%以上时,方可拆除盖梁底模板。以保证梁体能够承担自身质量产生的内力。

(9)模板及支架的拆除应遵循先支后拆,后支先拆的顺序进行,严禁随地乱扔。应及时对模板进行除污、除锈和防锈等维修保养。拆除的脚手架及模板等应码放整齐、堆码有序。

4.3.6　安全文明

(1)盖梁施工的支架的搭设方案需经监理工程师批准,支架每隔5m应设置45℃斜向剪力撑。

(2)工地现场使用的模板、脚手架、木材等周转材料应码放整齐,保持施工现场整洁文明。

(3)施工现场人员必须戴安全帽,高空作业人员必须系安全带。

(4)模板的吊装需专人指挥,吊装作业时闲杂人员应撤离现场。

(5)拆模时严防因时间控制不当或操作粗犷造成结构物缺棱掉角。

(6)盖梁搭设的脚手架应考虑人员上下的扶梯,扶梯设有护栏,扶梯的爬升角度不应超过45°。脚手架的搭设应随同施工进度进行搭设,顶部设有工作平台,四周挂设安全网及护栏。下铺不小于5cm厚的木板。

(7)盖梁在施工过程中应设置临时标识牌,标识牌大小为0.3m×0.5m,白底黑字,包括盖梁编号、混凝土强度等级、施工班组等内容。

4.4　高墩

4.4.1　一般要求

(1)高墩施工一般采用翻模法施工。施工前,要做好人员、机具设备、场地等准备工作,编制施工工艺细则,进行技术培训。

(2)翻模在工厂制作完成后,应检查测试其是否符合设计要求,并进行编号,翻模运到工地后,要进行试拼。

(3)当墩高超过30m时,宜选用塔吊作为材料垂直提升设备;当墩高超过40m时,宜选用施工电梯作为人员上下的提升设备。

4.4.2　施工准备

(1)施工现场的生活生产用房、变电所、发电机房、临时油库等均应设在干燥地基上,并应符合防火、防洪、防风、防爆、防震的需要。

(2)场内道路应经常维护,保持畅通。

(3)施工前应搭设好脚手架及作业平台,并在平台外侧设置栏杆。高墩3m以上应架设防护网。

4.4.3　施工工序

在工程施工前,承包人应编制工序流程图,作为各工序施工操作、保证施工进度的依据,并向班组交底。高墩翻模施工工序可参照图4-4进行。

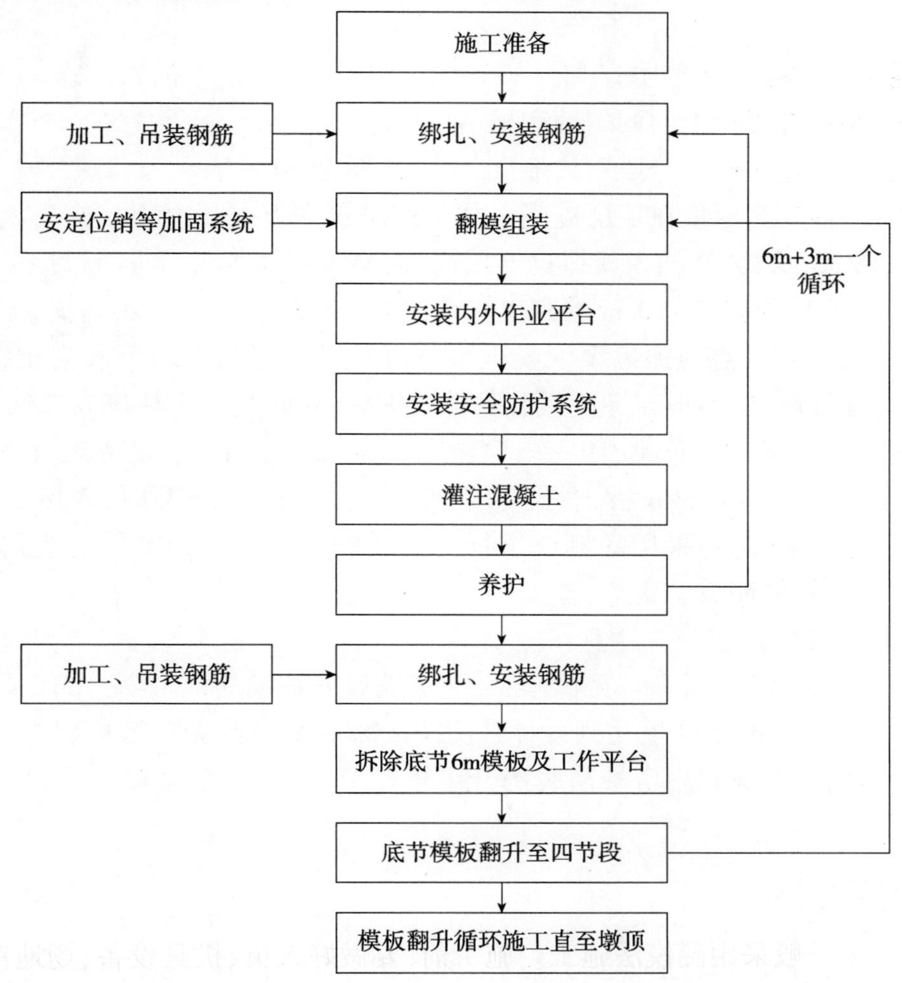

图4-4　高墩翻模施工工序

4.4.4　施工要点

(1)翻模前,每节墩顶混凝土面应进行充分凿毛,露出新鲜的混凝土,并冲洗干净,在上节混凝土浇筑前,在底节混凝土面浇筑一层1~2cm厚1∶1的水泥净浆。

(2)墩身钢筋绑扎安装。墩身主筋除顶部分节长度根据各墩高而改变外,中间各节主筋一般均长9.0m,主筋连接宜采用镦粗直螺纹连接。

(3)翻模组装。模板采用塔吊辅助提升,人工安装。内外模水平接缝及竖向拼缝可做成平口或企口缝,安装时填3~5mm橡胶条止浆,以防多次周转使用变形与翘曲。

(4)安装内外作业平台。内侧施工平台是在内模支架顶上安设方木,方木上满铺木板;外侧施工平台在顶面牛腿上满铺方木。施工平台上面应铺设5cm厚木板或竹脚手板,以供操作人员作业、行走,并存放小型机具。

(5)安装安全防护系统。在外侧施工平台牛腿外缘沿周边设立防护栏杆,栏杆外侧至模板底部设封闭的安全网。其他高空作业要求可参照本指南《工地建设》分册相关章节。

(6)混凝土浇筑及养护应注意:

①浇筑混凝土前,应对模板、钢筋及预埋件进行检查,并做好记录,符合设计要求后方可进行浇筑。

②墩身混凝土在拌和站集中拌和,罐车运输,泵送入模,采用插入式振动棒人工振捣。混凝土入模前,要检查混凝土的均匀性和坍落度。

③混凝土灌注时应分层、分段对称地进行,分层厚度20~30cm为宜,并根据混凝土供应情况及时调整布料厚度,尽量在下层混凝土初凝前浇筑完上层混凝土。施工人员在内外操作平台上使用PZ30或PZ50插入式振捣器振捣,振捣时移动距离不得超过振动棒作业半径的1.5倍,并应与侧模保持5~10cm的距离。灌注时,应做到不欠捣、不漏捣,振动棒插入下层混凝土5~10cm。每一点应振捣至混凝土不下沉,不冒气泡,平坦泛浆为止,振完后徐徐拔出振动棒。振捣过程中不得碰撞模板和其他预埋件,谨防其产生移位或损伤。

④墩身混凝土采用在墩身周边包裹土工布并结合喷淋洒水(在底节模板底部周边设置喷淋水管)或采用养护水剂的方法进行养护。当外界气温低于5℃时,对墩身进行覆盖保温,不得洒水。冬季施工时,采用暖棚法进行混凝土的养护。混凝土强度达到2.5MPa前,不得使其承受任何外加荷载。

(7)拆除模板及模板翻升应注意:

①正常循环时,在第三节段(顶节)混凝土浇筑后养护期间(当第三节段混凝土强度达到2.5MPa,第一节段混凝土强度达到设计强度的75%时),拆除第一节段模板。

②拆除后的底节模板利用塔吊吊装翻升至第四节段,前一个循环中的第三节3m模板起支撑作用。

4.4.5　质量控制

(1)除了一般性控制外,还应进行重点指标控制。对于模板,应重点控制其平整度和垂直度(或坡度);对于钢筋,应重点控制其受力钢筋接头的质量和钢筋骨架的垂直度(或坡度);对于混凝土,应重点控制混凝土的配合比及和易性。

(2)在进行模板安装时,必须保证其位置的准确性,模板内面处理应满足混凝土表面平整光滑的要求,模板的刚度、强度及稳定性应满足施工的需要。

(3)施工前,必须做好底部接茬工作,并在混凝土灌注前保证接茬部位干净、湿润。

(4)在固定混凝土输送泵管时,一定要注意泵管不要接触已支立好的墩身模板,避免泵送混凝土时泵管的冲力导致模板偏位。

4.4.6　安全文明

(1)每个墩应设置封闭作业区,派专人对作业区的人员进行安全监督,作业区内应设置警示牌。

(2)吊装作业时,应有专人指挥,驾驶员要持证上岗,应制订统一的指挥方式。

（3）每个高墩应使用单独的专用配电箱，平台上的振捣器、电机等应有相应的接地装置，作业面应配置灭火器材。

（4）应验证高墩模板结构设计与施工说明中的荷载、计算方法、节点构造是否符合实际情况，并有安装拆除方案。

（5）应定期对塔吊和吊装辅助工具进行检查、维护。重点检查的项目有：塔吊附着臂的牢固程度、自动报警装置、制动装置、起吊钢丝绳、吊装辅助钢绳、卸扣、钢绳卡、吊篮等。

（6）应定期对电梯和步行梯进行检查维护。电梯重点检查项目包括：电梯预埋件和支架的稳固性、电梯的紧急制动装置、电梯的定点制动装置（上下端点制动）等。步行梯重点检查项目包括：支架的稳定性、梯子上下端的牢固性、栏杆的牢固性。

（7）开工前，应对所有作业人员进行安全常识和安全操作技能培训，重点进行高空安全常识、吊装技能和吊装安全的培训。

（8）特殊工种必须持证上岗，对专职安全员、班组长、从事特种作业的架子工、起重工、混凝土工、电工、木工、电梯司机、塔吊司机等，必须严格按照现行《特种作业人员安全技术考核管理规则》进行安全教育、考核和定期复核，经过培训，考试合格，获取操作证者才能持证上岗。对从事高空作业人员要进行定期体检。

（9）现场应悬挂设备安全使用操作规程，大型起吊设备应通过当地技术监督局标定检测；设备使用前，应进行安装、调试，并对各项技术性能指标进行验收，保存好验收记录。

（10）爬架提升前由专人检查所有锚固是否完全解除，提升过程中随时观察上升路径上是否有障碍物，必要时可以采取分片对称提升。收坡在提升结束后进行。爬架就位后，必须立即锚固，并有专人检查，确认完全锚固后，方可进行下一道工序。

（11）高空作业所用梯子不得缺档和垫高，同一架梯子不得两人同时上下，在通道（或平台）处使用的梯子应设置围栏。工作平台上的步行板，在寒冷季节要钉设“防滑条”，防止工作人员滑倒坠落。

（12）运送人员和物件的各种升降机与吊笼，应有可靠的安全装置，严禁人员乘坐运送物件的吊篮。

（13）遇6级或6级以上的大风等恶劣气候时，应停止露天高空作业；在霜冻或雨雪天气进行露天高空作业时，应采取防滑措施。

（14）翻模工作平台吊架与墩壁中间设装安全网，并应结实扎牢，以防人员或大块重物掉落。

5　上部构造

5.1　预制梁施工

5.1.1　一般要求

(1)本节适用于预制T梁、预制小箱梁及预制空心板梁的预制施工。

(2)完成有关预制梁的施工技术文件和施工方案编制,并经监理工程师审核批准。

(3)预制场建设应已完成,具备梁片生产的条件。预制场建设有关要求见本指南《工地建设》分册相关章节。

(4)预制梁施工使用的千斤顶、油泵、钢筋加工机械及压浆机等机械设备均应进场。张拉设备应由相应资质部门标定。

(5)张拉操作人员必须配有对讲机,以便在现场及时沟通、协调。梁片张拉区域需设置视频监控系统,张拉过程的视频监控或录像要注意保存,作为预制T梁、预制小箱梁及预制空心板梁的计量依据。

(6)预应力混凝土梁施工前,应采取必要的安全技术措施,防止事故发生。

(7)预制T梁、预制小箱梁及预制空心板梁预制完成后,宜在梁身显眼处统一喷制桥梁质量责任卡,标明桥梁编号、浇筑日期、施工劳务队、施工现场负责人、监理旁站员及专业监理工程师等信息。

5.1.2　施工准备

(1)预制预应力混凝土梁所需要的钢绞线、锚具等原材料必须通过现场试验检测。钢绞线与锚具的相关技术标准规定可参照现行《公路桥涵施工技术规范》(JTG/T F50—2011)要求。

(2)波纹管、锚具等材料应按相关要求建库保管和加工,做到有物必有区,有区必有牌,做好防锈、防腐、防火与防盗工作。

5.1.3　施工工序

在预制梁施工前,承包人应编制预制梁施工工序(图5-1),作为各工序施工操作、保证施工进度的依据,并向班组交底。

5.1.4　预制场建设

(1)预制场应提前规划,确定合理的布置方式。预制场规划应充分考虑制梁数量、使用时间和周期性的要求,做到经济、合理、整齐、有序,形成施工标准化、工厂化。

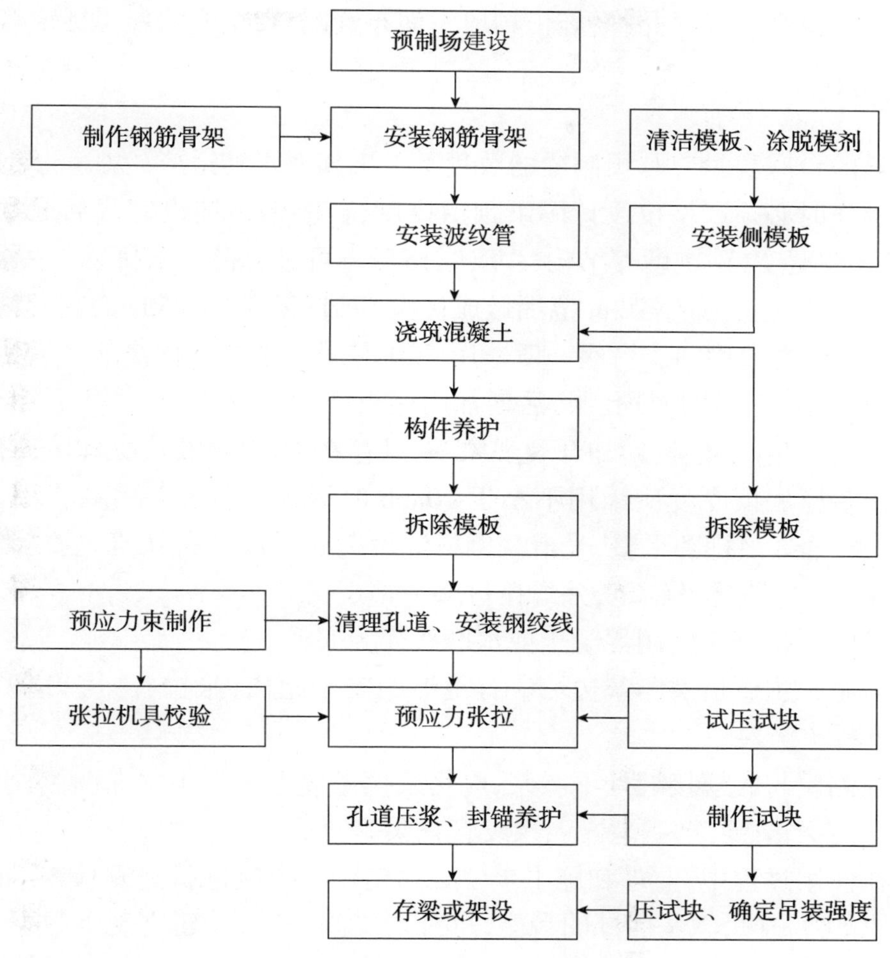

图 5-1 预制梁施工工序

(2)预制场四周采用彩钢板封闭维护,并在外侧开挖、修筑临时排水沟,形成良好的排水设施。场内污水不得直接排入路基边坡和居民生产生活区。

(3)预制场内按场内道路、制梁区、存梁区不同标准进行场内混凝土硬化,场地硬化全部采用20cm厚C20混凝土面层和30cm碎石进行处理。场内硬化时控制纵横坡排水,制梁区每台座四周在进行硬化时必须预留排水槽,排水槽采用ϕ50mm钢管压槽,深度不小于2.5cm。

(4)预制场内施工用电、施工用水必须布设专门的线路,不得私拉乱接。与预制场场地施工时同规划、同施工、同时投入使用。

(5)预制场内龙门吊行走轨道必须单独布设,且基础必须满足承载力要求,并和场地硬化同步考虑施工,龙门吊安装完成后及时进行标定,方可投入使用。

(6)和预制场配套的钢筋加工棚、木工棚、电工房,需在预制场规划时同步进行、同步施工。材料存放区采用活动式顶棚彩板房,并且设置在龙门吊范围内,方便材料装卸。临时驻地建设应和施工区分开,并进行统一规划、建设,确保整体美观。

(7)预制场应避免靠近构造物或设置在路基填方上。不能避免时应对路基加强碾压,确保无沉降缝、无废水侵害路基,并保证构造物安全。

(8)预制场应设立工程简介牌、施工场地平面布置图、安全文明施工标语等。

5.1.5　台座布置

(1)预制梁的台座数量应与预制梁的数量及总工期要求相适应。

(2)台座制作时必须严格按设计图纸预留拱度,台座钢板铺设完成后必须全面检查台座的顺直度、长度、宽度、预拱度等结构尺寸,合格后方可进行模板试拼装。

(3)台座两端张拉受力区各2m范围做成扩大基础,深度30~50cm,基础内布设双层钢筋网,确保张拉整体受力均匀。台座一般采用C20混凝土进行立模浇筑。台座一般高出硬化混凝土面30cm,底部预留拉杆孔眼,后期加固模板用。

(4)台座不得发生沉降、变形和开裂现象,一旦存在以上现象,应立即废弃使用。

(5)混凝土台座底模厚度应采用不小于10mm的钢板,钢板应平整、光滑,并锚固在混凝土座上,拼接焊缝必须打磨平整、光滑。钢板铺设完成后应进行认真检查,发现有局部空鼓现象发生,可采用膨胀螺丝锁定,并焊接打磨平整。

(6)台座表面不得直接使用混凝土或水磨石作为底模。

(7)台座与施工主便道及路基边坡应有足够的安全距离,张拉台(底)座两头必须安装隔离设施,以防断丝伤人。

(8)为保证侧模与底模接缝处不漏浆,应将底模做成上大下小并在两侧设置止浆设施,如在底模两侧安装小槽钢,槽钢内嵌入橡胶管止浆等。

(9)台座在使用过程中,监理和施工单位必须定期对台座进行复测检查,非软基区域的台座,每3个月复测一次,软基区域的台座,每月须复测一次,并建立观测数据档案,分析台座沉降情况,发现异常及时处理。

(10)为增加预制梁板底板光洁度,提高梁板外观质量,台座普通钢板顶宜铺设一层厚3mm左右的不锈钢板。

5.1.6　施工要点

1)模板

(1)模板应指定专业厂家进行加工生产。在厂家加工时,承包人应负责对模板质量进行中间检验,出厂前应进行试拼和交工检验,确保模板接缝密合平顺、不漏浆、无错台。

(2)模板应符合“模板准入制”的有关要求,见表5-1。由施工单位填写预制梁模板审批表,并上报总监办进行检查验收。若模板无法满足梁片预制的要求或无法保证梁片质量,则不允许进行梁片生产,应更换或经整修符合表5-1要求后才能进行生产。

预制梁片模板基本要求　　表5-1

内　容	基　本　要　求
尺寸	符合设计要求,允许偏差不大于长度和宽度的1/1 000,最大±4.0mm
梁体模板厚度	不小于6mm
底模厚度	不小于6mm

续上表

内　　容	基　　本　　要　　求
板面平整度	不大于3mm(用2m直尺及塞尺检查)
侧模加劲竖梁间距	翼缘环形钢筋间距的整数倍,不影响翼缘环形钢筋安装
侧模加劲竖梁宽度	小于翼缘环形钢筋间距,不影响翼缘环形钢筋安装
梳形板厚度	不小于10mm
横隔板底模	使用独立的底模,不与侧模连成一体
横坡	翼缘板能根据设计要求调整横坡
相邻模板面的高低差	不大于2mm
两块模板之间拼接缝隙	不大于2mm
模板接缝错台	不大于1mm
芯模(适用于预制箱梁及空心板)	使用整体收缩抽拔式钢内模
预留孔洞	符合设计要求,位置允许偏差±2mm。钻孔应采用机具,严禁用电、气焊灼孔
堵浆措施	使用泡沫填缝剂或高强止浆橡胶棒,严禁使用砂石、砂浆或布条
脱模剂	严禁使用废机油

(3)应采用标准化整体钢模,钢板厚度不得小于6mm,侧模长度一般比设计梁长1‰,每套模板还应配备相应的锲块模板调节,以适应不同梁长的需求。预制箱梁及空心板梁芯模应使用定型钢模,不得使用气囊或其他材料制作的芯模。

(4)侧模加劲竖梁宽度要小于翼缘环形钢筋的设计净距,间距应根据翼缘钢筋间距设置,确保不影响翼缘环形钢筋安装。

(5)有横坡变化的翼缘板模板应设置螺栓螺杆,确保能根据设计要求进行横坡调整,吊装后应保持横坡平顺。

(6)翼缘梳形模板厚度不得小于10mm,应设置加劲肋,确保浇筑混凝土时模板不变形、不跑模。

(7)根据现行《公路桥涵通用图》,将梁顶的负预应力筋张拉槽改为在翼板下设置齿板张拉,齿板模板应与T梁模板连成一体,由工厂进行整体加工。

(8)横隔板底模不应与侧模连成一体,应采用独立的钢板底模,保证在侧模拆除后,横隔板的底模仍能起支撑作用。应在张拉施工后才能拆除,避免横隔板与翼缘、腹板交界处出现因横隔板过早悬空而产生裂纹,同时模板数量应满足施工需要。

(9)梁端预留的横向钢筋不得贴模预制后再扳起,端部侧模应根据设计规定的横向钢筋位置、间距进行开槽、开孔,确保T梁端头横向钢筋能通长设置,数量符合设计要求,对与波纹管、钢筋骨架冲突的横向钢筋应合理避开,不得截断或不安装。

(10)横隔板端头模板采用整体式模板。模板上应严格按设计规定的钢筋位置、间距进行开槽、开孔,尤其是横隔板顶端的主筋位置,应确保主筋的平面和水平位置。

(11)对于梳形板、预留孔洞、拼接缝等易漏浆部位,应采取有效的堵浆措施,确保模板不漏浆,应采用强力胶皮或橡胶棒填缝剂止浆。

(12)应使用专门混凝土脱模剂,并经实践检验后方可正式采用。模板安装前,应认真调制、涂刷均匀,确保梁片色泽一致,表面光洁。

(13)模板在安装后、浇筑混凝土前,应按照有关规定对底模台座反拱及模板的安装进行检查,尤其要检查梁宽、顺直度、模板各处拼缝、模板与台座接缝及各种预留孔洞的位置。

(14)模板在使用过程中,承包人应加强其维修与保养,每次拆模后应指派专人进行除污与防锈工作,平整放置,防止变形,并做好防雨、防尘、防锈工作。

(15)模板在吊装与运输过程中,承包人应采取有效的措施,防止模板的变形与受损。

2)钢筋

(1)钢筋下料、加工、定位、绑扎、焊接应严格按规范及设计图纸进行。所有钢筋交叉点应双丝绑扎结实,必要时可用点焊焊牢。

(2)钢筋绑扎、安装时应准确定位,伸缩缝及防撞护栏预埋筋、翼缘环形钢筋、端部横向连接筋应使用钢筋定位辅助措施进行定位。横隔板钢筋应使用定位架安装,确保高低、间距一致,符合设计要求,无漏筋现象。也可采取提前制作,整体安装的方式。

(3)预制空心板梁绞缝钢筋安装应确保其密贴模板,并保证有效固定,确保混凝土拆模完毕后能够立即人工凿出。

(4)与波纹管等相互干扰的钢筋不得切断,应采取合理措施避开。

(5)钢筋的保护层垫块应使用梅花形高强度砂浆垫块,确保垫块能承受足够压力而不破碎,绑扎牢固可靠,纵横向间距均不得大于0.8m,梁底位置不得大于0.5m,确保每平方米垫块数量不少于4块。

(6)钢筋焊接时,注意搭接长度,两接合钢筋轴线应一致,Ⅱ级钢筋应采用J502或J506焊条。直径在ϕ25mm以上的钢筋应采用机械连接,有关要求参照3.1.4条第5点。

(7)支座预埋钢板应进行热浸镀锌防锈处理。由于采用U形锚筋与镀锌钢板直接平焊极易引起支座预埋钢板平面变形,支座预埋钢板的锚脚连接筋焊接应采用夹具焊接,将镀锌钢板固定于夹具上,在夹具与镀锌钢板中间接触位置垫支3~5mm薄钢片。在加固镀锌钢板时,需预留出反拱,待焊接完成拆除夹具时,镀锌钢板可恢复成平直形式;或是采用钻孔焊接,防止焊接钢板时产生弯曲变形。

(8)对漏埋、补设的钢筋,应严格按规范进行植筋,不得假植筋、植虚筋。

3)波纹管与锚垫板

(1)在钢筋绑扎过程中,应根据设计,精确固定波纹管和锚垫板位置,波纹管U形定位筋必须敷设,每40~60cm设置一道,不得缺省。

(2)冷轧薄钢带卷制的波纹管厚度不宜小于0.35mm。波纹管的连接应采用管长200mm的大一号同型波纹管作接头管,接头长度不得低于规范要求,并在波纹管连接处用密封胶带封口,确保不漏浆。

(3)为保证预留孔道位置的精确,端模板应与侧模和底模紧密贴合,并与孔道轴线垂直。在孔道管固定处,应注明坐标位置,锚垫板应编号,以便布置钢绞线时对号入座。

(4)钢筋焊接时,应做好金属波纹管的保护工作,如在管上覆盖湿布,以防因焊渣灼穿管壁而发生漏浆。

(5)钢绞线下料时,应通过计算确定下料长度,保证张拉的工作长度。下料应在加工棚内进行,切割应采用切断机或砂轮锯,不得采用电弧切割,同时要注意安全,防止钢绞线在下料时伤人。

(6)端部负弯矩预应力波纹管预留长度为5~10cm,不得过长或太短,并包裹进行保护,以便吊装后进行连接。

(7)圆形波纹管在浇筑前应穿入比波纹管内径小1cm的塑料软管,负弯矩波纹管穿入4根小塑料软管,防止波纹管挤压变形、漏浆,确保在进行预应力施工时的质量。塑料衬管应在混凝土初凝后及时抽出。

(8)应按以下顺序施工负弯矩预应力:吊装后先接好负弯矩预应力波纹管→绑扎横向湿接头钢筋→浇捣横向湿接头混凝土→湿接头混凝土强度达到后才能穿负弯矩预应力钢绞线→张拉。不得先穿钢绞线再搭接波纹管。

4)混凝土

(1)T梁混凝土灌注采用斜向分段、水平分层、一次灌注完成不设施工缝的方法。预制小箱梁及空心板梁浇筑混凝土时,应按底板、腹板、顶板的顺序进行。施工中应加强观察,防止漏浆、欠振和漏振现象发生。模板边角以及振捣器振捣不到的地方应辅以插钢钎振捣。预制梁顶板应用平板振捣器振捣。

(2)在梁体混凝土振捣浇筑完成后,采用木抹子对梁顶进行抹光。初凝之前,再进行二次收浆处理,最后用扫帚拉毛。

(3)要避免振捣器碰撞预应力管道、预埋件及模板,对锚垫板后钢筋密集区应认真细致振捣,确保锚下混凝土密实。

(4)夏季施工时,混凝土混合料的温度应不超过32℃。当超过32℃时,应采取有效的降温措施,防止蒸发。与混凝土接触的模板与钢筋,在浇筑前应采用有效措施降低到32℃以下。

(5)梁片预制应制作同条件养护试块,试块放置在梁片的顶板上,与该梁片同时、同条件养护。

5)预应力

(1)张拉时,混凝土强度应不小于设计规定值,养护时间应遵从设计规定。

(2)梁体预制完成后,出坑时间不宜少于10d,存梁时间不宜超过2个月。

(3)应对穿入张拉管道的预应力钢绞线原材料进行保护,采取覆盖、包裹塑料布等措施防止钢绞线锈蚀。不得在钢绞线原材料存放场地及已穿钢绞线的T梁端部附近进行焊接作业,防止焊渣溅落到钢绞线上。

(4)张拉前,应先做好千斤顶和压力表的校验与张拉吨位相应的油压表读数和钢丝伸长量的计算,尤其应对千斤顶和油泵应进行仔细的检查,保证各部分不漏油,并能正常工作。

(5)张拉应采用油表读数与伸长量双控制的方法,如果预应力筋的伸长量与计算值超过6%,应找出原因,重新进行校定和测定预应力筋的弹性模量。

(6)钢束应采用两端同时对称张拉,对长索应严格控制,张拉顺序应按设计要求进行,原则上应采取“先上后下,先中间后两边,对称于构件截面的竖直轴线”的张拉顺序。

(7)应根据预应力筋的松弛级别来选用张拉程序。当为普通松弛级的力筋时,其张拉程序为:0→初应力→1.03σ_{con};当为低松弛级的力筋时,若在设计中预应力筋的松弛损失取大值,其张拉程序为:0→初应力→σ_{con}(持荷 2min 锚固)。

(8)设计控制张拉应力 σ_{con}应是扣除所有损失后的值,如设计中个别影响因素未予考虑且未在设计文件中明确指出,则在施工中是否采取超张拉应与设计单位协商,并根据实际情况确定,如设计未考虑锚圈口摩阻损失,在正式张拉之前,应通过试验来确定锚具的摩阻损失。

(9)一束拉完后,应检查断丝、滑丝情况是否满足规范要求(见表 5-2)。若不满足,则应重新穿束张拉。锚固时应做记号,防止滑丝。

后张预应力筋断丝、滑丝限制　　表 5-2

类　别	检查项目	控制数
钢丝束和钢绞线束	每束钢丝断丝或滑丝	1 根
	每束钢绞线断丝或滑丝	1 丝
	每个断面断丝之和不超过该断面钢丝总数的百分比	1%
单根钢筋	断筋或滑移	不允许

注:1.钢绞线断丝系指单根钢绞线内钢丝的断丝。

2.超过表列控制数时,原则上应更换。当不能更换时,在许可的条件下,可采取补救措施,如提高其他束预应力值,但需满足设计上各阶段极限状态的要求。

(10)预应力钢绞线在张拉控制力达到稳定后方可锚固,端头多余钢绞线切除应使用砂轮机,不得用电弧焊切割。锚具应用混凝土保护,当需长期外露时,应采取防止锈蚀措施。

(11)所有张拉工作应按统一的格式及要求进行原始数据记录。

(12)每个预制梁场在第一片梁片张拉完成后,均应委托有资质的检测单位对其进行锚下应力状态的检测,对张拉施工质量进行监督和评价,并分析总结经验。同时,在预制梁片生产过程中,按比例随机抽取梁片进行预应力检测。

6)压浆

(1)真空压浆技术

①工艺流程为:压浆用水泥浆配合比专项试验→波纹管留孔→压浆设备准备→切割锚头部分钢绞线、封锚→锚头安装控制阀门→连接真空泵对孔道抽真空→制浆、压浆。

②预应力筋张拉完成后,应切除外露的钢绞线,并进行封锚。

③压浆前,应清理锚垫板上的水泥浆和其他杂物,保证表面平整。

④在正式开始真空压浆前,应用真空泵试抽真空。

⑤预留孔道及孔道两端必须保证气密性,孔道内无砂石、杂物等。波纹管必须有一定刚度,防止抽真空过程中孔道瘪凹。

⑥孔道内的真空度宜控制在-0.1MPa 左右。

⑦保持真空泵在启动状态,开启压浆端阀门,将拌制好的水泥浆往孔道压注,直至与压浆口相同稠度的浆体从出浆端连接的透明管排出。

⑧压浆完成后,应立即清洗连接至真空泵的透明管,以便下次压浆观察。

(2)非真空压浆技术

①压浆作业过程中,最少每隔3h应将所有设备用清水彻底清洗一次,每天用完后也应用清水进行冲洗。

②压浆过程及压浆后2d内气温低于5℃时,在无可靠保温措施的情况下,不得进行压浆作业。温度大于35℃时,不得拌和水泥浆或压浆。

③水泥浆压注工作应在一次作业中连续进行,并让出口处冒出废浆,直至不含水沫气体的废浆排出,其稠度与压注的浆液同时停止。

④为保证钢绞线束全部充浆,进浆口应予封闭,直到水泥浆凝固前,所有塞子、盖子或气门均不得移动或打开。

7)封锚

(1)孔道压浆后,应立即将梁端水泥浆冲洗干净,同时清除支承垫板、锚具及端面混凝土的污垢。

(2)封锚宜在梁板架设后进行,以保证外观。封锚模板应固定,立模后应校核梁长,其长度应符合规定。

(3)封锚混凝土应仔细操作并认真插捣,确保锚具处的混凝土密实。

(4)封锚混凝土浇筑后,应静置1~2h,带模浇水养护。脱模后在常温下的养护时间应不少于7d。冬季气温低于5℃时不得浇水,养护时间应增长,并采取保温措施。

8)养护及其他

(1)拆模后,应打开自动喷淋养护装置进行养护,并用土工布覆盖至梁底,保持足够的湿度和温度,不得只覆盖梁顶部分。

(2)凡是湿接缝部位,拆模后应立即用专用凿毛机进行凿毛,梁顶部位进行拉毛。预制空心板梁绞缝区在拆模后应立即安排凿毛工作。

5.1.7 质量控制

(1)应确保伸缩缝预埋筋、泄水孔、防撞护栏预埋筋、吊梁孔(环)、钢束孔道等预埋件安装准确、无缺漏。

(2)梁体混凝土表面应平整、光滑、色泽一致、无明显模板接缝、无漏浆、无蜂窝、麻面等缺陷,水泡、气泡小且少,外观线条顺畅,边梁翼板边缘线顺直、平整。

(3)预应力筋制作、安装、张拉质量要求参见现行质量检验评定标准。

(4)预制梁质量要求参见现行质量检验评定标准。

(5)梁体出坑后,存梁前,应对梁板进行全面外观检查,重点检查长度、梁底预埋钢板坡度、有无裂纹等,及早发现梁体缺陷,避免架设后再次吊起。

5.1.8 安全文明

(1)预制施工现场应封闭管理,与工程建设无关的人员严禁入内。

(2)现场应配备简易爬梯,使施工人员上下方便,便于预制梁施工、检查。

(3)应严格按规定期限和程序拆卸模板,不得野蛮拆卸模板。

(4)张拉平台及施工架应搭设结实牢固。在油泵运转不正常的情况下,应立即停止,进行检查。在有压情况下,不得随意拧动油泵或千斤顶各部位的螺栓。

(5)油管和千斤顶油嘴连接时应擦拭干净,防止砂砾堵管,新油管应检查有无裂纹、接头是否牢靠,高压油管接头应加防护套,以防喷油伤人。

(6)千斤顶带压工作时,正面不能站人,不得拆卸液压系统中任何部件。压浆泵使用应严格按安全操作规程进行。压浆工作人员应脚穿雨鞋,戴防护眼镜。

(7)每次压浆机停用时,应及时清洗泵及管道,防止下次使用堵管。

(8)已张拉完而尚未压浆的梁,不得剧烈振动,防止预应力筋断裂而酿成重大事故。

(9)梁片存放

①T 梁应用木条支撑到位,斜撑应设于翼板根部,不得撑于翼板外缘,或使用特制的钢支撑架,防止倾覆。梁片堆放高度不应超过 2 层,见附录图 D-4。

②预制小箱梁及空心板梁板堆放均必须采用四点支撑堆放,支撑垫块顶面应位于同一平面内,误差不得大于 2mm。支撑中心顺桥向距梁端 30cm 左右,横桥向距腹板外缘 20cm,支撑垫块平面尺寸为 30cm×30cm,板梁叠放不得超过 3 层。

(10)梁片编号

①预制完成后,应在各梁片上标注梁片号,在各梁片腹板侧面的大、小里程端部的一个侧面均应进行标注。应标明桥名、编号、制作日期及施工单位和监理单位名称。

②编号标识规格宽度为 90cm、高度为 48cm(平均每行 12cm),中文字体为印刷黑体,规格为 5cm×8cm,采用红色油漆标注于梁片里程增长方向端外侧。

③标注梁片编号沿路线里程增长方向按左、右幅分别从右侧向左侧第一片梁片编起。

5.2　预制梁安装

5.2.1　一般要求

(1)梁板安装方案已上报并得到正式批复。

(2)架桥机、龙门吊等特种设备在使用前必须经有资质的单位检测,检测合格后方可使用。

(3)对于负责梁片安装的技术、设备操作手等人员应进行适当的培训,人员配置全面、合理,如应有起重工、电工、架子工、电焊工、测量员。特别工种人员必须持有上岗证。

(4)验收梁板的几何尺寸时,特别注意弯道上和斜交的桥梁,弯道上桥梁的内弧与外弧弦长相差较大,因此应重点核查。

(5)所有的支座垫平钢板应涂刷油漆作防锈处理。

(6)梁板安装时,墩、台、盖梁、垫石的强度应符合设计要求。支撑结构和预埋件(包括预留锚栓孔、锚栓、支座钢板等)的尺寸、高程及平面位置符合设计要求。混凝土和压浆强度不得低于设计所要求的吊装强度。

(7)对于预制场距离安装点较远,需借用地方道路运输梁体的情况,安装前应对运梁路线进行勘察,并办理道路安全相关手续,以确保运梁工作的安全顺利。

(8)在墩台上放出每片梁支座处纵、横向中心线。坡桥上顺坡斜置的梁,放线时应考虑坡度对平面跨径尺寸的影响。所有放线应准确,以保证梁片之间的缝隙均匀一致。

(9)架梁使用的手拉葫芦、电葫芦、千斤顶、架桥机械、钢轨、枕木、配重设备等机械设备材料均已进场。

(10)为了保证架设安装工作的安全,一些大型的架设安装设备和相应的临时结构物的强度、刚度和稳定性,应按架设安装的荷载按有关计算方法和公式以及有关规范规定进行验算。

(11)使用的架桥机、龙门吊等设备,应遵守设备使用说明书的规定。正式吊装前应经试吊,并经当地有关部门验收确认合格并形成文件。

5.2.2　施工准备

桥梁支座供货单位的资格条件应经建设单位批准,供货合同应要求材料供货单位提交质量承诺书,明确产品保质期,承诺在保质期内产品本身出现质量问题时,供货单位应无条件免费维修或更换。

5.2.3　施工工序

施工工序应参照架桥机的标准施工程序执行,不得擅自变更,见图5-2。

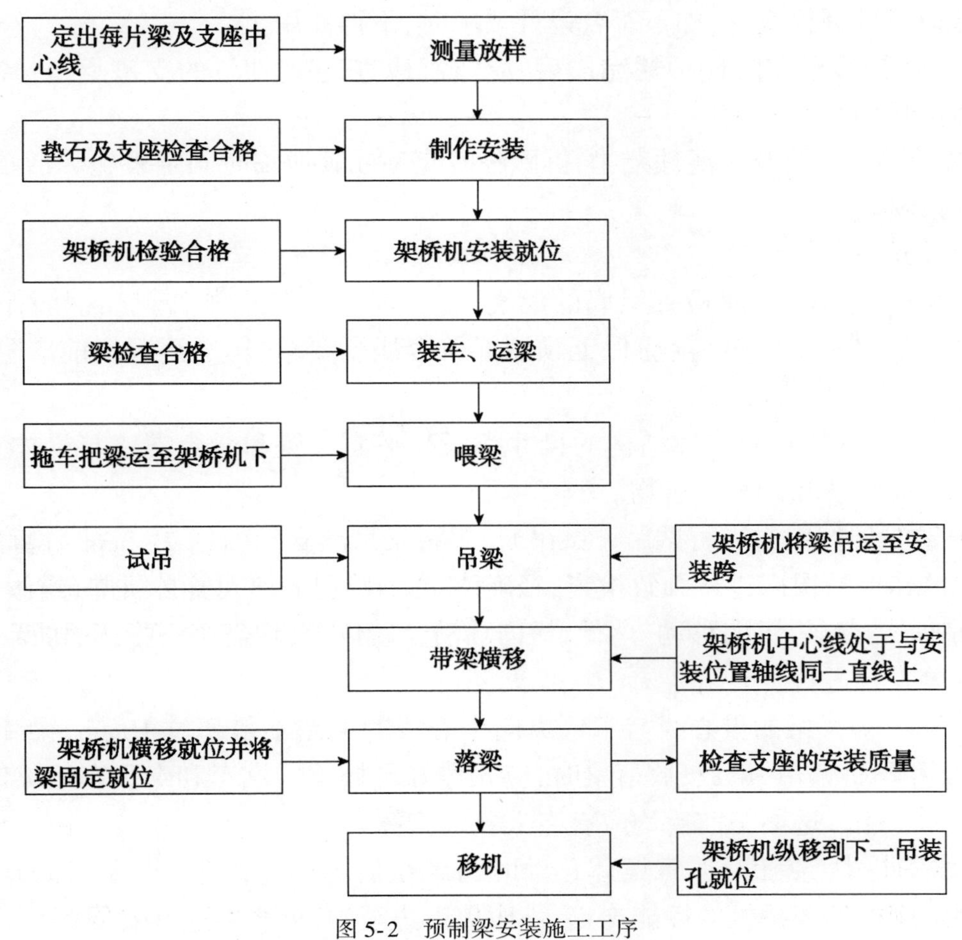

图5-2　预制梁安装施工工序

5.2.4　施工要点

1）垫石、支座

（1）支承垫石的混凝土强度应符合设计要求，不得用砂浆找平，顶面高程精确且平整。架梁前应进行检查，避免安装后支座与梁底发生偏歪、不均匀受力或脱空现象。梁板安放后，应再次检查，使梁、板就位准确，且与支座密贴。就位不准确或支座与梁板不密贴时，应将梁片吊起，采取措施，使梁就位准确、支座受力均匀。

（2）支承垫石内或梁底有钢板的，应保证钢板的型号和表面高程。钢板底部的混凝土应振捣密实，不得出现钢板悬空现象。

（3）所有自制支座预埋钢板与其钢筋焊好后应进行热浸镀锌。由厂家成套购买的支座，应要求厂家将上下钢板进行热浸镀锌，运输中加以保护。盆式支座的钢、铁件也应进行热浸镀锌。热浸镀锌防锈处理应参照现行规范要求的波形梁护栏进行。螺栓、螺母、垫圈采用镀锌处理，并应清理螺纹或进行离心处理。

（4）支座的上下钢板定位螺栓应切割平齐，不得妨碍支座自由变位。支座防尘罩应及时敷设。

（5）应全面检查支座的各项性能指标，包括支座长、宽、厚、硬度（邵氏）、容许荷载、容许最大温差以及外观检查等，如不符合设计要求时，不得使用。

（6）在桥面铺装层和防撞护栏完成后，应注意检查边梁（板）的支座承压情况，并采取措施确保支座均匀受力。

（7）支座安装后，要及时清理杂物，拆除临时支座或其他临时固定设施。活动支座应按规定注入润滑材料。

2）预制梁运输及架设

（1）梁体吊离台座时，应检查梁底的混凝土质量（主要是空洞、露筋、钢筋保护层等）。为保证梁体的安装精度，安装前应保证预制梁符合质量要求，运送至现场前应附有合格证明材料。

（2）梁体架设前应检查支撑结构的尺寸、高程、平面位置和墩台支座与梁体支座尺寸，清除支座钢板的铁锈和砂浆等杂物。

（3）梁板初吊时，应先进行试吊。试吊时，先将梁吊离支承面约 2～3cm 后暂停，对各主要受力部位的作用情况应进行细致检查，经确认受力良好后，方可撤除支垫，继续起吊。

（4）预制梁的起吊、纵向移动、落低、横向移动及就位等，均需统一指挥、协调一致，并按预定施工顺序妥善进行。

（5）梁片装车时，梁的重心线与车辆纵向中心线的偏差不得超过 10mm，梁片应按设计支点放置，梁片不得偏吊、偏放，放落梁时，应先撑好再松钩。汽车和牵引车运梁时，行走速度不得超过 5km/h。送梁车前后均应有专人负责指挥。

（6）梁体安装中，应随时注意梁体移动时与就位后的临时固定（支撑），防止侧倾。梁体的安装顺序应根据架桥机的性能确定，一般应由边至中、再至边进行安装。

（7）梁片的起吊应平稳匀速进行，两端高差不得大于 30cm。梁片下放时，应先落一端，再落另一端,确认梁片两端侧斜撑已固定完好后,方可拆除吊具。捆绑钢丝绳与梁片底面、侧面的拐角接触处,应安放护梁铁瓦或胶皮垫。

(8)梁体安装就位后,应进行测量校正,符合设计要求后,才允许焊接或浇筑接头混凝土,在焊完后必须进行复核,并做好记录。

3)负弯矩预应力施工

(1)负弯矩预应力施工前,应做好孔道封口保护及锚垫板的防锈处理。

(2)不得先穿束后浇筑梁端连续段混凝土,梁端连续段混凝土强度必须达到设计要求后,方可穿束进行负弯矩预应力施工。

(3)张拉前,应对预留孔道应用通孔器或其他可靠方法进行检查。

(4)预应力筋的张拉顺序应符合设计要求。设计无规定时,按先短束后长束,并待短束封槽混凝土强度达到80%以上时,方可张拉长束的顺序进行。

(5)端部预埋板与锚具和垫板接触处的焊渣、毛刺、混凝土残渣等应清除干净,封端混凝土槽口清理合格后,方可浇筑混凝土。

4)湿接头施工

(1)梁板就位后,湿接缝应及时浇筑,相邻梁板之间的缝隙嵌填应密实。

(2)梁体接头混凝土应按规定进行浇筑。接头处钢筋的焊接或金属部件的焊缝应经过隐蔽工程验收后,方可浇筑接头混凝土。

5.2.5 质量控制

(1)安装后,应做到各梁端整齐划一,梁端缝顺直,宽度符合要求。构件不得有硬伤、掉角和裂纹等缺陷。

(2)支座接触必须严密,不得有空隙,位置必须符合设计要求。

(3)梁、板安装质量标准参见现行《公路工程质量检验评定标准》(JTG F80/1—2004)。

(4)支座安装质量标准参见现行《公路工程质量检验评定标准》(JTG F80/1—2004)。

5.2.6 安全文明

(1)提、运、架梁应设专人统一指挥,现场设专职安全员对运架进行安全巡视,信号应正确清楚,密切观察各部位的安全状况,发现异常时应及时停止作业。架梁现场应有明显标志,与该工作无关的人员严禁入内。

(2)使用钢轨轨道的,钢轨的两侧应设置限位装置,并经常检查限位装置的完好性。

(3)在滑轮运转不正常的情况下,应立即停止作业并进行检查。对钢丝绳应每天进行检查。

(4)作为架梁时工作人员行走的“天桥”,应设置严格、规范的防护栏杆,确保施工安全。

(5)加强起重吊装设备检修,对所有起重、运输工具设备,使用前应进行全面的检修,特别是重型吊装机械,必须经过荷重试吊合格后,方可正式使用,在统一指挥下进行作业。架梁机在使用中,应定期进行检查确认,严禁超范围使用和带病作业。

(6)在铺设移跨轨道时,横向坡度应水平,纵向坡度不得超过3%。枕木距离应能确保安全。

(7)提梁作业应设专人清理走道,场地应平整。严格按照安全操作规程操作提梁机械,做到四点同步,行驶平稳。

(8)运梁车通道应满足运架梁荷载的要求。运梁应严格按照3~5km/h的速度行驶,做好防碰撞措施。运梁车驮运架桥机在高压输电线路下运行或架桥机在高压输电线路下架桥作业时,高压输电线路距架桥机的最小安全距离应满足规定要求。

(9)预制梁在架设期间,运梁通道上应停止其他施工作业,禁止其他车辆上道。运梁通道上应设置运梁车运行标线、标志、警示标牌。

(10)桥上进行铺架作业时,桥下严禁车辆、船及行人通过,并该有相应的安全禁止标志,派专人值班巡视。

(11)夜间6级及以上大风(或暴雨)时,禁止架梁作业。夜间作业照明应使用安全电压。

5.3　支架式现浇

5.3.1　一般要求

(1)支架法施工工期较长,因此需制订可行的施工方案,施工方案应包括:施工机具、施工用料和用工计划等,还应包括在一些针对突发性天气如暴雨、强风、雷电等自然因素下的应急预案。施工方案、预压方案及支架、模板的设计计算书应经监理工程师审批。对高、大现浇支架施工,施工单位应当编制专项施工方案。对于超过一定规模的危险性较大的高、大现浇支架,施工单位应当组织专家对专项方案进行论证应,方案审查通过后方能实施。

(2)支架现浇施工应组织材料、设备提前进场,保证施工过程中用料要求。

(3)钢绞线、锚夹具、波纹管应满足施工和规范要求。

(4)人员配置应合理。支架搭设、拆除人员应持有特种作业证书。

(5)张拉设备应满足施工要求。

5.3.2　支架地基处理

(1)对地基应进行妥善处理,确保现浇施工安全。一般现浇施工工地地基承载力应满足在200kPa以上,现场压实度控制在96%以上,浇筑20cm厚的C20素混凝土作为支架基础。

(2)地基的处理范围至少应宽出搭设支架1.0m,地基处理妥善后,尽快修复排水。

5.3.3　支架、模板设计

(1)支架按其构造分为支柱式、梁式和梁柱式。在内蒙古自治区高等级公路施工中,要求尽量采用钢支架或钢木混合支架。应结合具体的施工情况选择适宜的支架。

(2)模板应采用全新的钢模板。

(3)支架计算应包括:单肢钢管承载力计算,整体钢管支架承载力计算,对支架高度超过10m的要进行整体稳定性计算。

5.3.4　支架搭设与预拱度设置

1）满堂支架搭设

搭设支架时应做到横杆水平、立杆竖直，还应加设剪刀撑，以增加整个支架的稳定性。支架基础的结构应符合设计要求。支架立柱应安装在有足够承载力的地基上，立柱底端应设置垫木和木质楔形垫块，用以分散和传递压力并调节立柱高度，并保证浇筑混凝土后不发生超容许的沉降量；船只或汽车通行孔的两边应架设护桩，夜间应有灯光和反光标示引导行驶方向，施工中易受漂流物冲撞的支架应设置三角形导流桩。

支架排距、间距、扫地杆、纵横剪刀撑设置和扣件螺栓紧固力矩应满足要求。安装后的支架不得沉陷、变形，连接牢固，保证安全可靠。

2）预拱度设置

（1）预拱度设置应按设计要求考虑。

（2）根据梁的挠度和支架的变形所计算出来的预拱度之和，作为预拱度的最高值，设置在梁的跨径中点。

5.3.5　支架预压

（1）现浇结构施工前，必须进行支架预压，以检验支架及地基的强度及稳定性，消除整个支架的塑性变形，消除地基的沉降变形，并测量出支架的弹性变形情况。

（2）加载方法：支架预压方式可用水袋或沙袋预压，也可采用水箱滚动预压等方式。预压重量和时间应满足设计和规范的要求，预压前应对支架进行检算，最大加载重量一般控制为梁体自重的1.2倍。

（3）预压观测：加载前应布置好观测点，观测点一般布置在端跨、1/4跨、1/2跨和3/4跨4个断面，观测点的布设应上下对应，以观测地基的沉降量及支架、方木的变形量。观测点的数量应为横、纵向每2m一个。分别在加载前、加载后及满载后6h、12h、24h、48h各观测一次。应按时、准确、认真地测量记录数据，为施工预拱度提供准确可靠的数据。

（4）支架预压应加强稳定性观测，确保安全，一旦发现观测数值波动较大，应立即采取卸载或紧急撤离措施。

5.3.6　模板安装

模板由底模、侧模及内芯模三部分组成，一般预先分别制作成组件，使用时再进行拼装。底模模板采用钢模板，具体的布置需根据箱梁截面尺寸确定，并通过计算对模板的强度、刚度进行验算。

（1）预压完成后，准确调整支架的底模高程，按照图纸在底模上进行箱梁线形放样。

（2）如混凝土为二次浇筑，则第一次浇筑时，芯模只立内侧模，混凝土则浇筑到内腹板八字高度附近。这种工艺可改善劳动条件，但要延长工期和影响外观。

内芯模施工顺序：焊接钢筋立杆→支组合底侧模板→连接纵横排架钢管扣件→顶板方木→模板铺设。

钢筋立杆的制作。用 ϕ14mm ~ ϕ20mm 钢筋焊接在底板两层钢筋上，下面用 4 个 2.5cm 锯齿状塑料垫块做支撑，根据箱梁底板混凝土厚度，焊接一横向短钢筋支撑承担顶板荷载的竖向钢管，横向钢筋高度即是底板混凝土的顶面，用来控制底板混凝土的厚度。

底腹板倒角模板应制成组件。底部支撑通过钢筋架立，根据腹板位置直接进行拼装。箱室高度与宽度通过顶托丝杆调节所需尺寸，使每孔不同截面箱室高度与宽度内模材料重复使用。

在箱梁内模的顶板上，根据施工需要设置入孔，以便将内模拆出。对模板内的杂物，应采用空压机或高压水枪进行清理，底模板的最低处设置一块活动板以便进行清理。

在箱室内模的顶板横隔板上，多留些活动板，以便混凝土浇筑。

(3)侧模腹板外模板采用定型钢模板，须根据梁体高度进行加固。

5.3.7　质量控制

(1)未出现芯模上浮或下沉的现象，顶板、底板未露筋。

(2)现浇梁板质量标准参见现行《公路工程质量检验评定标准》(JTG F80/1—2004)。

5.3.8　安全文明

(1)现浇支架施工为高空、双层作业，必须有完善的安全防范措施。具体要求参见本指南《工地建设》分册相关章节。

(2)安全栏杆、脚手板、爬升梯和安全网等应经过专门设计，各种安全防护材料要经过检验合格后方可使用。防护设施完成后，经安全领导小组验收合格后，方可投入使用。

(3)施工现场应布置有序、整洁，避免施工废物、噪声污染周围环境。在已浇筑完的梁顶不得堆放施工垃圾。

(4)箱体内杂物、垃圾应清理干净，不得有积水，设好通气孔。

5.4　悬臂式现浇

5.4.1　一般要求

(1)应对托架预压、挂篮静载试验方案进行报批，准备相关材料、设施进行施工工作。

(2)悬臂现浇桥梁施工过程由有专业资质且有成熟监控经验的单位对桥梁线形、应力等指标控制进行第三方监控测量，并指导施工现场控制。监控单位应采用招标方式确定，是否对高校提出限制可根据相关法规以及当地实际情况酌情确定。

5.4.2　材料要求

钢绞线、锚具、波纹管要求参照本章 5.1.2 条要求。

5.4.3　施工工序

在预制梁施工前，承包人应编制工序流程图，作为各工序施工操作、保证施工进度的依据，并向班组交底。悬浇梁施工工序可参照图 5-3 进行。

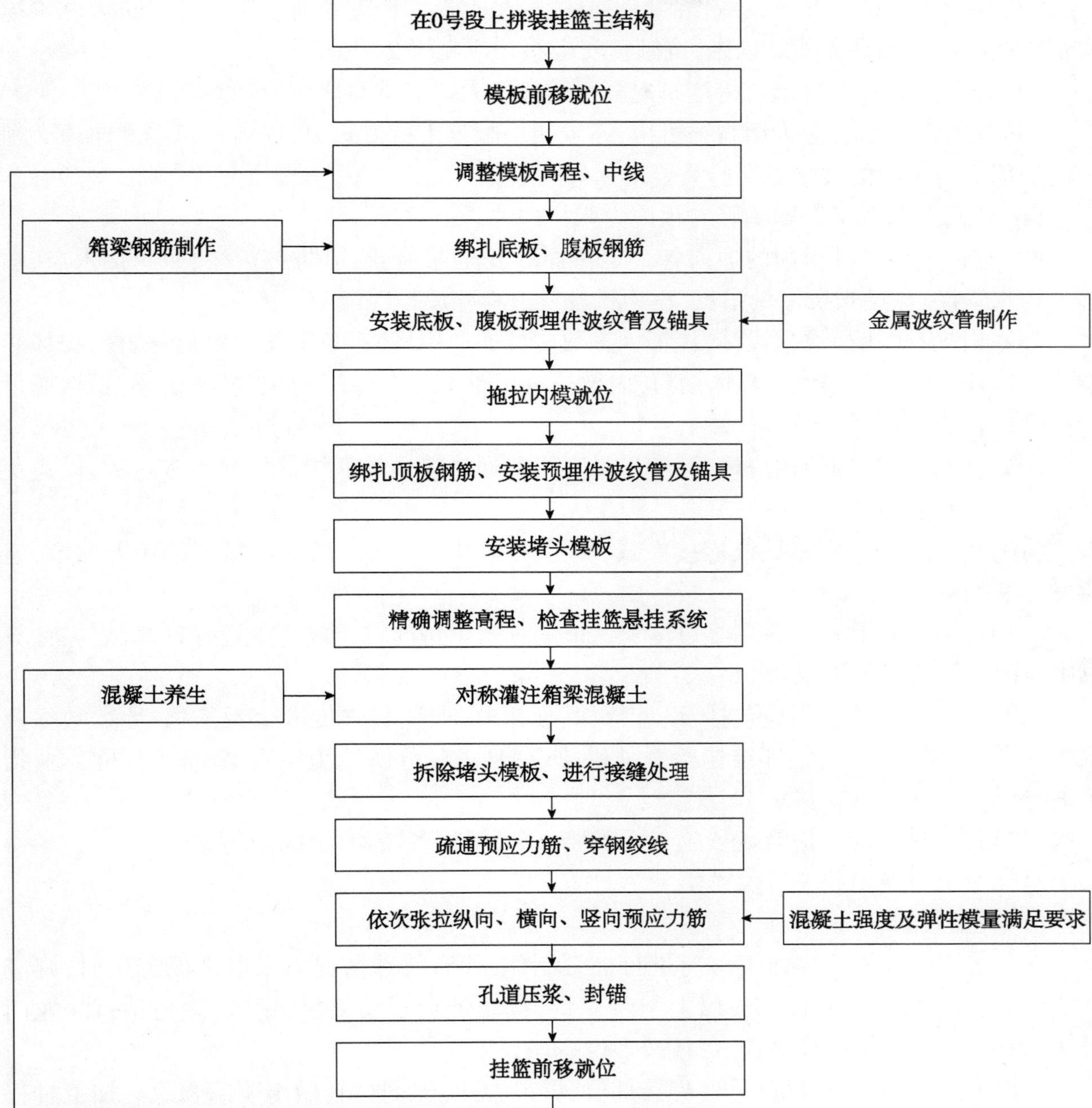

图 5-3　悬浇梁施工工序

悬臂段施加预应力时间必须满足混凝土强度及弹性模量的要求。施加预应力混凝土强度必须要满足设计要求，弹性模量在没有实测数据的情况下，应满足混凝土浇筑后 7d 施加预应力。合龙段在混凝土强度及弹性模满足要求时应尽快张拉。

5.4.4　挂篮准备

1）挂篮设计

（1）挂篮设计一般由施工单位根据实际情况单独设计。

(2)挂篮最大载荷能力应为实际施工荷载的1.2~1.5倍。

(3)在最大荷载工况下,浇筑混凝土前后,前吊点最大挠度差值不应超过20mm,底模纵向钢梁挠度应控制在$L/400$以内,抗倾覆安全系数应大于2。

(4)挂篮全部构件自重与待浇筑混凝土梁段最大单节重力比应为0.3~0.45。

(5)挂篮走行系统应采用自锚机构,不宜使用配重走行方式,自锚走行机构及轨道必须满足局部应力集中的极端工况验算要求。

(6)挂篮主桁架不得影响竖向预应力张拉作业。

(7)挂篮上应设计牢固的通向各个工作面的安全通道、临边防护护栏、照明接入点、喷淋养护水管接入点、张拉吊具吊点、小型机具及材料存放柜等配套设施。

(8)挂篮宜采用模块化设计,保证大多数构件的通用性,避免因使用中构件材料损坏影响施工。外模板应采用大块整体钢模,内模板可用钢木结合模板,对变横坡桥梁,模板应设计相应的调节顶杆,随动调整。

(9)对特种钢材的使用应慎重,应尽量采用普通材料构件。构件尺寸不宜过大,以避免运输、吊装、拼装不便。

(10)构件连接宜用销接或栓接模式,尽量减少焊连方式。吊杆连接应采用万向节,避免发生断裂事故。

(11)挂篮设计软件应采用经过国家认证的正式销售的二维或三维设计计算软件,计算书中应附计算输入数据说明。

(12)挂篮设计检算书应包括:设计依据、使用软件、原材强度取值及依据、原始数据及说明、计算结果及说明、细部结构验算结果及说明、工况分解使用说明书、拼装拆除作业指导书、预留孔位置示意图等。

(13)挂篮设计应考虑合龙段施工的需要,以及梁体各断面尺寸的要求。

2)挂篮加工及验收

(1)挂篮加工。

①宜选用正规钢结构加工厂商进行加工制作,如有特殊情况需采取现场加工时,则应准备以下设施及设备:12m×6m以上工装平台,自动等离子切割机,钻床,磁力钻,10t龙门吊,电焊机,超声波焊缝检测仪,焊接校形设备。

②加工图纸中应对焊缝厚度、焊接部位、焊接方式、焊剂材料做出明确要求。加工过程中,应严格遵守对不同材料、构件的焊接要求。

③所有构件的预留孔均应有台钻式磁力钻钻孔,禁止用气割烧孔。

④模板尺寸应通过放样严格控制,对变截面桥梁结构应采用可调机构来满足不同尺寸的要求。

⑤构件加工精度应严格按图纸要求执行,避免拼装时构件不匹配。

⑥所有构件外露面应涂刷一道防锈漆及一道橘红色亮光漆,所有螺栓孔及旋转机构均应用黄油涂抹防护。

(2)挂篮验收。

①挂篮试拼合格(主桁架部分)。

②结构焊缝应做超声波探伤检查并记录。

③特种材料应具备满足要求的合格证书或材质报告。

④构件应按清单查收。

3)挂篮静载试验

挂篮静载试验的目的在于取得挂篮结构刚度与挠度值之间的线性关系,同时检验结构自身的安全性。目前,静载试验方法主要有原位堆载法及静载试验台座法两类。

(1)荷载值取用应选取对挂篮施工的最不利工况进行验算(并不一定是最大重力的节段)。

(2)试验中荷载等级应按以下情况分别计算:

①模板安装完毕为初始状态。

②加载到钢筋绑扎完毕。

③加载到底板混凝土浇筑完毕。

④加载到腹板混凝土浇筑完毕。

⑤加载到顶板混凝土浇筑完毕。

⑥在不超载 110%荷载状态下,如此反复加载减载 3 次,每阶段均做记录。

(3)静载试验报告编制。

静载试验报告应包括以下几方面内容:

①编制依据(图纸、计算书)。

②方案执行程序。

③加载等级计算结果列表及图示。

④加载设备及各项荷载换算的配重或油表读数。

⑤各级读数下的挠度测量结果(监理签认)。

⑥数据分析表及结论。

5.4.5 施工要点

1)0 号段施工

(1)方案设计包括托架或支架设计、地基处理方案、临时墩设计、预埋件位置交底等。

(2)严格按设计方案要求及规范要求加设剪刀撑、扫地杆等构件,并按照规范要求进行超载预压,一般为 1.3 倍荷载。

(3)0 号段模板、托架式支架应考虑到悬灌施工挂篮安装及推进的技术要求。

(4)0 号段临时墩设计应满足拉压双重荷载工况的要求,建议使用易于拆装的钢结构或带有隔离夹板的高强度等级混凝土结构。

(5)0 号段宜一次浇筑成形。

(6)0 号段隔墙厚度大于等于 1.5m 的应设冷却水管,防止水化热导致内外温差过大。

(7)混凝土浇筑应按由外向内的顺序分层对称浇筑,分层厚度不得大于 30cm。

(8)模板应采用整体式钢模,垫块应采用高强砂浆垫块。

2）悬臂段施工

（1）挂篮拼装应由加工厂家派专人现场指导，由持有起重工、架子工职业资格证书的从事过类似挂篮安装的熟练工人进行安装作业。

（2）挂篮拼装完毕后，应由项目部、驻地监理代表组织验收小组，逐个对挂篮的构件、连接高强螺栓、销子、精轧螺纹钢吊杆螺帽进行联合验收，并在验收报告上签字认可。

（3）正式施工前，应由项目部组织、总监办对参加施工的技术人员及班组进行专项安全技术交底，并形成正式纪要文件。

（4）监控单位进场并做好基准点埋设，相关监控方案需得到审批通过。

（5）当纵坡大于等于2%时，挂篮应设置限位装置，防止其纵向滑移。

（6）悬臂施工应对称进行，宜采用可控方向的三通泵管来控制，最大容许不平衡重应以临时墩设计数据控制，但实际施工中宜控制偏差方量为1～2m^3混凝土。

（7）纵向预应力钢束在箱梁横截面两侧应保持对称张拉，纵向钢束张拉时两端应保持同步。箱梁底板钢束的张拉顺序为先长束后短束。采用张拉控制力和伸长量双控。

（8）钢束张拉时应在初始张拉力（可取设计张拉的10%）状态下注出标记，以便直接测定各钢绞线的伸长量，对伸长量不足的应查明原因，并采取补张拉等相应措施。

（9）混凝土浇筑应按由外向内的顺序，分层浇筑，分层厚度为30cm。

（10）悬臂浇筑梁段养护应采取固定喷淋与人工辅助洒水养护相结合的方法，确保梁体表面在养护期内保护湿润。

（11）悬臂浇筑混凝土配合比试验除强度指标外，还应做弹性模量指标试验，确定85%及100%弹性模量的龄期时间，以作为节段张拉时间的依据。

（12）所有顺桥向预应力管道应在混凝土浇筑时使用衬管，防止漏浆。

3）合龙段施工

合龙段施工应根据确定的合龙顺序及配重方案执行，应按照以下几个要求进行：

（1）合龙段配重方案是合龙施工的关键，应按工序逐一计算每一工况配重，根据容许不平衡重最大值逐一确定配重，并进行操作作业交底。

（2）加载过程应有专人指挥，根据浇筑混凝土进展，进行统一调度。

（3）合龙段应在设计图纸要求的合龙气温条件下完成浇筑工作，并养护至合龙束张拉作业开始。

（4）合龙段施工宜采用低温合龙、合龙前顶推、施加临时预应力等措施，消除温度带来的不利影响。合龙段的永久钢束张拉前应尽量减小箱梁悬臂的日照温差，为此可采取覆盖箱梁悬臂等减小日照温差的措施。

5.4.6　质量控制

（1）悬浇块件前，必须对桥墩根部（0号块件）的高程、桥轴线进行详细复核，保证其符合设计要求后，方可进行悬浇。

（2）轴线和挠度应在设计要求和在允许误差范围内。

（3）在施工过程中，梁体不得出现受力裂缝。出现裂缝时，应查明原因，经过处理后方可继续施工。

(4)应确保接头质量,拆模后立即进行人工凿毛,相邻块段的接缝应平整密实,色泽一致,棱角分明,无明显错台。

(5)线形应平顺,梁顶面应平整,每孔无明显折变。

(6)悬臂浇筑质量标准参见现行质量检验评定标准。

5.4.7 安全文明

(1)应根据设计图纸设置安全且便于使用的施工通道及工作平台。以斜托架作施工平台时,平台边缘应设安全防护设施。墩身两侧托架平台之间搭设的人行道必须连接牢固。操作人员必须按规定佩戴安全防护用品,配备救生设施。

(2)桥面栏杆应随悬浇段同步延伸设置,设置钢架预应力张拉平台。

(3)对0号块托架、挂篮和现浇段支架的设计、施工方案应有技术部门和质监部门的检算和验收,按要求做好预压试验,各安全系数应满足规范和设计要求。

(4)钢管架的搭接应严格按照有关安全操作规程操作。使用的机具设备(如千斤顶、滑车、手拉葫芦、钢丝绳等)应进行检查,不符合规定的不得使用。

(5)挂篮拆除拼装和前移应按有关要求,保持对称同步进行。挂篮两侧前移要对称平衡进行,大风、雷雨天气不得移动挂篮;挂篮移动到位以后要检查前后锚点、吊带、0号块临时锚固是否到位;挂篮移动中应设观察哨进行监护,并设限位装置。严格控制荷载,防止过大的冲击和振动。

(6)自平桁式挂篮配重,宜用混凝土预制或钢件,不宜用水箱压重,以防水箱损坏泄漏,导致挂篮失衡倾覆。

(7)滑移斜拉式挂篮安装时或主梁行走到位后,应先安装好后锚固和水平限位装置,方可安装斜拉带悬挂底模平台,严防挂篮倾覆、坍落。底模和侧模沿滑梁行走前,需将斜拉带和后吊带拆除,用倒链起降和悬吊底模平台,同时,必须在倒链的位置加保险绳。

(8)挂篮行走时,要缓慢进行,速度应控制在0.1m/min以内。挂篮后部各设一组溜绳,以保安全。滑道要铺设平整、顺直,不得偏移,并随时注意观察,发现问题应及时处理。

(9)起重工作应严格按相关安全规范进行操作。

(10)在底模前移前,必须详细检查挂篮位置、后端压重及后吊杆安装情况是否符合要求。应先将上横梁两上吊带与底模下横梁连接好,确认安全后,方可前移。

(11)浇筑合龙段混凝土时,随浇筑进程,加载逐步撤出应自上而下进行。撤出压重时,应注意防止砸伤。

(12)张拉工作时,千斤顶外不许站人。压浆时,应佩戴防护镜,出浆应进行收集,不得让浆液直接排到桥面。

(13)做好桥面排水工作,确保桥面不积水,排水孔下端应低于混凝土底面1cm以上,使排水不污染梁体表面。

(14)箱室内的模板及建筑垃圾必须清理。

(15)加强天气预报信息收集工作,遇强台风来袭应按规定做好防护工作。

6　桥梁附属工程

6.1　桥面铺装

6.1.1　一般规定

(1)审核施工图纸,熟悉规范和技术标准,调查施工现场,根据实际情况和总体进度安排制订相应的施工方案。

(2)桥面施工前,应对伸缩缝处预埋钢筋进行检验,对缺、漏、错位的钢筋应整改合格后,才能开始桥面铺装施工。

(3)对双车道桥面铺装应采用全幅施工;对三车道以上桥梁应尽量采用全幅施工。分幅施工原则上只能分两幅施工,以减少纵向接缝。分幅应合理划分,纵向接缝位置应设置在车道标线处。

(4)施工前梁顶应平顺,高程符合设计要求,预应力钢筋应张拉完毕并封锚,混凝土构件强度应达到设计要求。

6.1.2　施工准备

(1)桥面系工程已完成部分现浇接缝、护栏作业并完成体系转换,具备施工作业面。

(2)施工前箱梁顶板(或防水层)已清除垃圾、杂物、油污与浮浆,并保持干净且无积水。钢筋网铺设完毕且保护层厚度满足规范要求。

(3)完成高程测量,办完监理工程师验收手续。

(4)砂石、水泥、钢筋、外加剂等经试验检测合格,满足要求,并根据设计及规范要求进行,校核混凝土配合比,完成混凝土配合比试配。

(5)施工过程中的设备机具平板振捣器、振捣梁、振捣梁行车轨道、操作平台、凿毛风镐、空压机、高压水枪等应已经检验进场。

6.1.3　施工工序

桥面混凝土铺装工序可参照图 6-1 进行。具体为:凿除浮渣、清洗桥面→测量放样→钢筋网绑扎→安装振捣梁行走轨道→支垫钢筋网片、控制高程→浇筑混凝土→收面、抹面→混凝土养护→泄水孔安装。

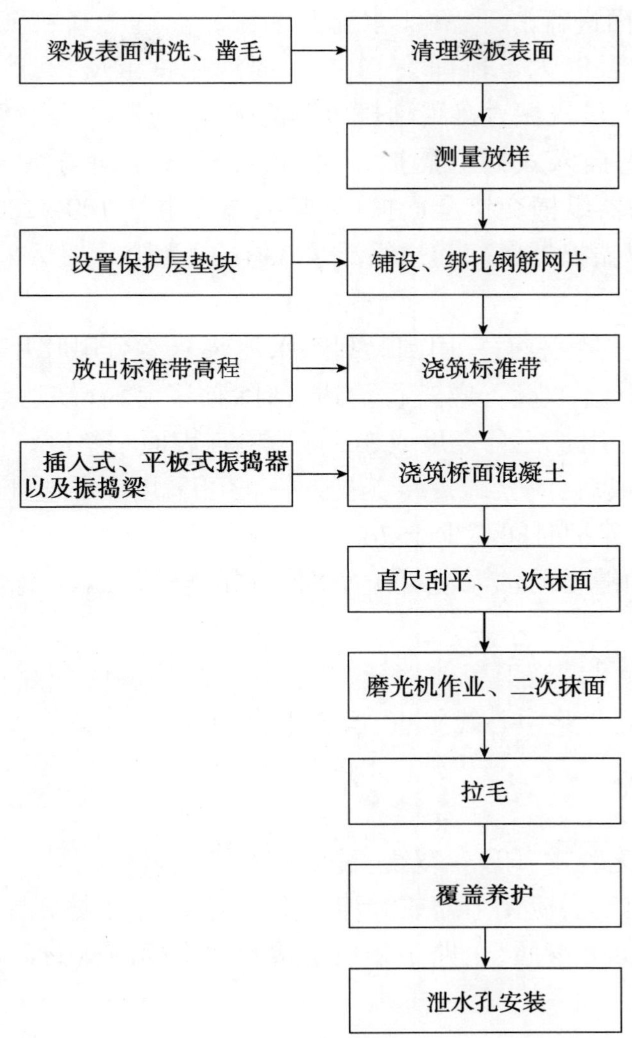

图 6-1 桥面混凝土铺装工序

6.1.4 施工要点

(1)施工前,应对梁顶面进行凿毛处理,并采用高压水枪及空压机将梁顶面冲洗干净。

(2)制作钢筋网时,应在梁顶面进行画线,然后铺设绑扎钢筋网。钢筋网整个桥面应连续,并且钢筋要横平竖直,钢筋交叉位置用扎丝扎牢,钢筋接头应注意错位。

(3)应根据中线放样和高程控制数据确定轨道高程,在混凝土调平层两侧安装 8cm 槽钢轨道兼做边模。轨道初步安装后,应及时进行高程复核,在轨道下按 1m 间距垫薄钢板进行调节,并将槽钢轨道与定位钢筋进行点焊,应将高程偏差控制在规范允许的范围内。轨道下缝隙要用高标号砂浆填塞密实。

(4)钢筋绑扎好后,采用 ϕ8mm 架立筋,每平方米不少于 4 根,呈梅花形布置,并与纵向钢筋点焊连接,利用两边已经安装好的轨道拉线控制钢筋网片的顶面高程,将钢筋网距调平层顶面净保护层厚度控制在 2.5cm。

(5)按批准后的配合比进行混凝土拌制,施工过程应严格控制混凝土坍落度。

(6)浇筑前应对桥面进行清理,并洒水充分润湿。混凝土卸料要从桥面外侧向内侧进行,卸料不应堆放过高,及时人工摊铺,人工布料时应用铁锹反扣,严禁抛掷和耧耙。在混凝土浇筑过程中,严禁人员机械直接踩踏挤压钢筋网片,应制作人工平台。

(7)振捣时,先采用插入式振捣器振捣,使得骨料分布均匀,一次振捣时间不宜小于20s,然后采用平板振捣器纵横交错全面振捣,其振捣面重合100~200mm,一次振捣时间不宜少于30s,位移控制以振捣器底部和边缘泛浆3±1mm为限。最后采用振捣梁沿轨道进行全幅振捣,直至振捣密实。

(8)振捣梁振捣密实后,表面宜用刮尺刮除水泥浆。然后用叶片式抹面机往返2~3遍整平饰面。在抹面机完成作业后,应进行清边,清除粘浆,修补缺边、掉脚。使用抹刀将抹面机留下的痕迹抹平,并用长铝合金尺或3m直尺检查表面平整度。

(9)混凝土铺筑完成后,应立即进行养护。一般可采用覆盖土工布,持续洒水,保铺装层始终处于潮湿状态。养护时间不少于7d。

(10)对需安装伸缩缝处的水泥混凝土桥面,应先连续浇筑混凝土,然后在切缝开槽安装伸缩缝。

(11)每一工作班应尽量施工至伸缩缝位置,如因故中断时间超过30min时,应设置横向施工缝,横向施工缝应与路中心线垂直,凿成垂直平缝。

6.1.5　质量检验要求

(1)铺装层表面应无脱皮、印痕、裂纹、石子外露等缺陷。

(2)除施工缝外,铺装层应无干缩或湿缩产生的裂纹,施工缝密贴、平整、无错台。

(3)桥面铺装质量标准参照《公路工程质量检验评定标准》(JTG F80/1—2004)。

6.1.6　安全文明

(1)还未施工防撞护栏的应在桥梁边缘设置安全网,桥头设置安全、警示标示牌,施工人员进场必须佩戴安全帽,在桥梁边缘施工的工作人员应配备安全带。

(2)施工时,桥下应有专人值守,并设置安全警戒线。

(3)桥头应设置栅栏,非施工人员和外来车辆不得入内,避免压坏已铺装好的钢筋网片。

(4)混凝土未达到足够强度前,车辆不得通行。

6.2　伸缩缝

6.2.1　一般要求

(1)伸缩缝应由厂家或专业队伍到现场负责安装施工。

(2)根据工程进度需要,制订合理的材料进场计划,伸缩缝材料应固定平放,以防变形。伸缩缝产品必须有合格证,经验收后才能用于安装。

(3)应在桥面铺装前检查和整改预留槽宽度,预埋钢筋应定位准确,并经验收合格。

(4)伸缩缝预留槽在铺设沥青混凝土路面之前,应用沥青混凝土填平,缝底垫衬板。

(5)应先安装一条工艺试验性伸缩缝,待检验合格后,方可进行大面积施工。

6.2.2 材料要求

(1)伸缩缝供货单位的资格应经高速公路建设指挥部批准。采购时,采购员应要求供货单位提交质量承诺书,明确产品保质期,承诺在保质期内产品本身出现质量问题时,供货单位应无条件免费维修或更换。

(2)混凝土应根据设计要求选用,一般为钢纤维混凝土,钢纤维掺入量应符合相关规范或设计要求。

6.2.3 施工工序

无论是水泥混凝土还是沥青混凝土桥面,均应采用反开槽施工。施工工序为:预留槽口放样→切割伸缩缝预留槽→调整伸缩缝预埋钢筋→清除槽口杂物→安装伸缩缝→锁定、绑扎钢筋→支模→浇筑混凝土,见图6-2。

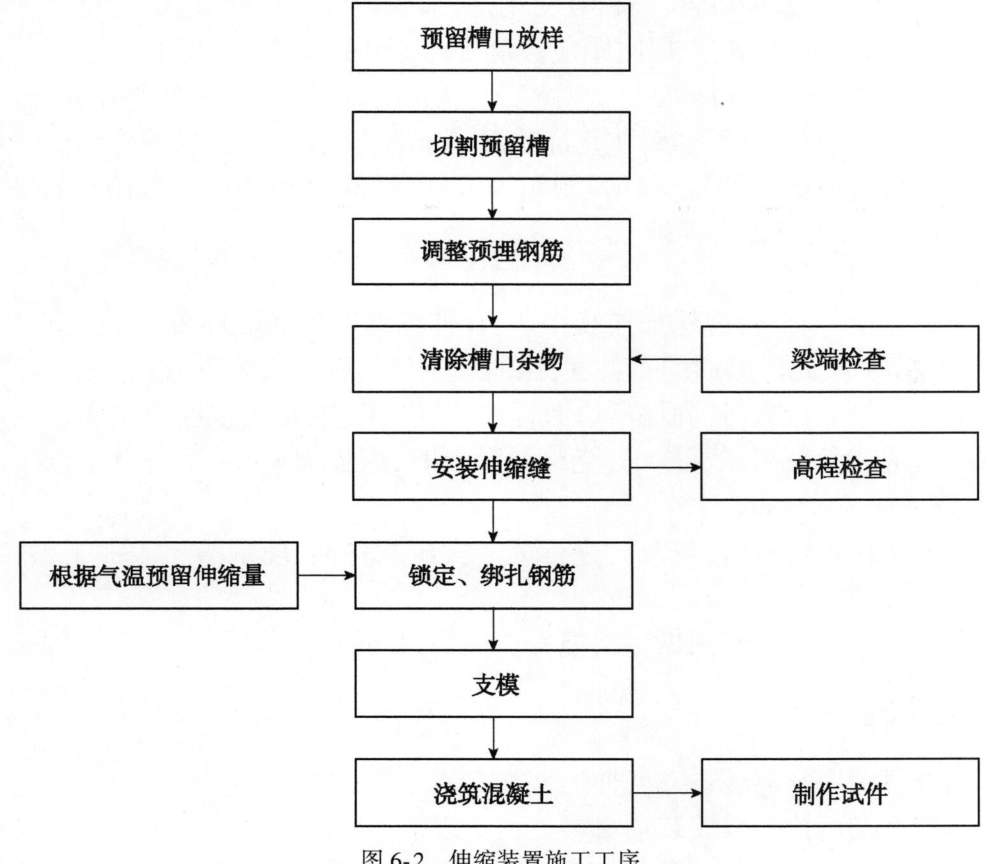

图6-2 伸缩装置施工工序

6.2.4 施工要点

1)钢制支承式伸缩缝安装

(1)施工前,应做好伸缩装置部位的清渣工作,严禁残渣弃留在墩、台帽上,影响支座。

(2)采用焊接接长梳形钢板时,应按设计的锚栓孔位置及平面尺寸弹线定位,并用夹板固定,应对焊后的变形进行矫正。

(3)按设计高程将锚栓预埋入预留孔内,然后焊接锚板,并调整封头板使之与垫板齐平。

(4)安装时,应将构件固定在定位角钢上,以确保安装精度,同时应防止产生梳齿不平、扭曲及其他变形,要严格控制好梳齿间的间隙。

(5)应在钢梳齿根部钻适量小孔,以便浇筑混凝土时混凝土中的空气能顺利排出。

(6)混凝土浇筑后,应及时将定位角钢拆除,并做好混凝土养护。

2)模数式、毛勒式伸缩缝安装技术与工艺

(1)伸缩缝安装之前,应按照安装时的气温调整安装时的伸缩值,用专用卡具将其固定。

(2)应用水平尺检查伸缩缝顶面高度与桥面沥青铺装高差是否满足要求,一般伸缩缝应比桥面沥青铺装低约2mm。伸缩缝混凝土模板应严格安装,确保不漏浆。

(3)伸缩缝平面位置及高程调整好后,用两台电焊机由中间向两端将伸缩缝的一侧与纵向预埋筋点焊定位。如果位置、高程有变化,应采取边调边焊的方式,且每个焊点焊长不得小于5cm,点焊完毕再加焊,点焊间距应控制在小于1m。焊完一侧后,用气割解除锁定,调整伸缩缝在某温度下的上口宽度,上口宽度调整正确后,焊接所有连接钢筋。

(4)浇筑混凝土前将间隙填塞,防止浇筑混凝土时把间隙堵死,影响伸缩。采取一定措施,防止混凝土渗入模数式装置位移控制箱内或密封橡胶带缝中及表面上,如果发生此现象,应立即清除,然后进行正常养护。

3)开槽及浇筑混凝土

(1)铺筑沥青混凝土时,应保证连续作业,在伸缩缝两边各20m范围内不能停机,以免因机器停止、启动影响此段路面的平整度,从而影响伸缩缝的安装质量。

(2)伸缩缝开槽应顺直,且确保槽边沥青铺装层不悬空,层下混凝土密实。

(3)混凝土应避免在高温下施工,浇筑混凝土时,应振捣密实,不得有空洞。混凝土现场坍落度宜控制在8~10cm。

(4)待混凝土接近初凝时,应及时进行第二次压浆抹面,使混凝土表面平整,二次抹面后用土工布覆盖养护。

(5)每条伸缩缝混凝土必须做一组混凝土试块,并同条件养护。

6.2.5 质量控制

(1)伸缩缝锚固应牢靠、不松动,伸缩性能有效。

(2)伸缩缝开槽后检验及安装项目参见相关规范。

(3)伸缩缝安装质量标准参见现行《公路工程质量检验评定标准》(JTG F80/1—2004)。

6.2.6 安全文明施工

(1)桥面伸缩缝施工时,应封闭,并分左、右幅施工,做好安全警示标志,注意来往施工和过往车辆的安全。

(2)所有伸缩缝材料应放置在封闭区内,平放防晒,并加设防撞措施。

(3)为防止施工污染桥面,从伸缩缝槽口两端沿桥纵向应铺上足够长度的彩条布。伸缩缝完成后,应对污染、损坏的桥面系、盖梁、台帽、桥下进行彻底清理和修理。

(4)对已施工完毕的伸缩缝要派专人看护,在伸缩缝装置两侧混凝土强度满足设计要求的条件下,且不少于7d后,方可开放交通。若因条件限制,则必须在缝上设临时行车的钢栈桥。

6.3 护栏

6.3.1 一般要求

(1)人员准备:合理配置施工班组,合理配置劳动力。

(2)材料情况:根据工程进度需要,组织材料按规定地点和指定方式进场储存堆放,做好进场材料的检验工作。

(3)设备情况:根据工程需要组织机械设备到位。

6.3.2 施工准备

(1)建立有效的组织管理机构,配备精干的管理人员,合理配置施工班组,合理配置劳动力。

(2)根据工程进度需要,制订合理的材料进场计划,钢护栏产品应有合格证,经验收合格后方可用于施工,钢筋、水泥、砂、碎石等材料均已到场并通过检验。

(3)根据工程需要组织机械设备到位。

6.3.3 施工工序

护栏施工工序:精确放样→凿毛、预埋筋调整→钢筋制作安装→模板安装→浇筑混凝土→拆模→养护,见图6-3。

6.3.4 施工要点

1)测量放样

对护栏进行放样,画出其内边线,根据线形进行微调,确保护栏线形顺畅。放样时,对于直线段,每10m测一护栏内边缘点,曲线段根据实际计算确定,确保其误差不得大于4mm。护栏的高程以桥面铺装层作为基准面控制,在此之前,应对桥面铺装层进行检验,保证竖直度,确保顶面高程。

2)钢筋的制作与安装

钢筋的骨架按设计要求制作,并与梁面预埋筋连接。安装时,应根据放样点拉线调整钢筋位置,确保保护层。

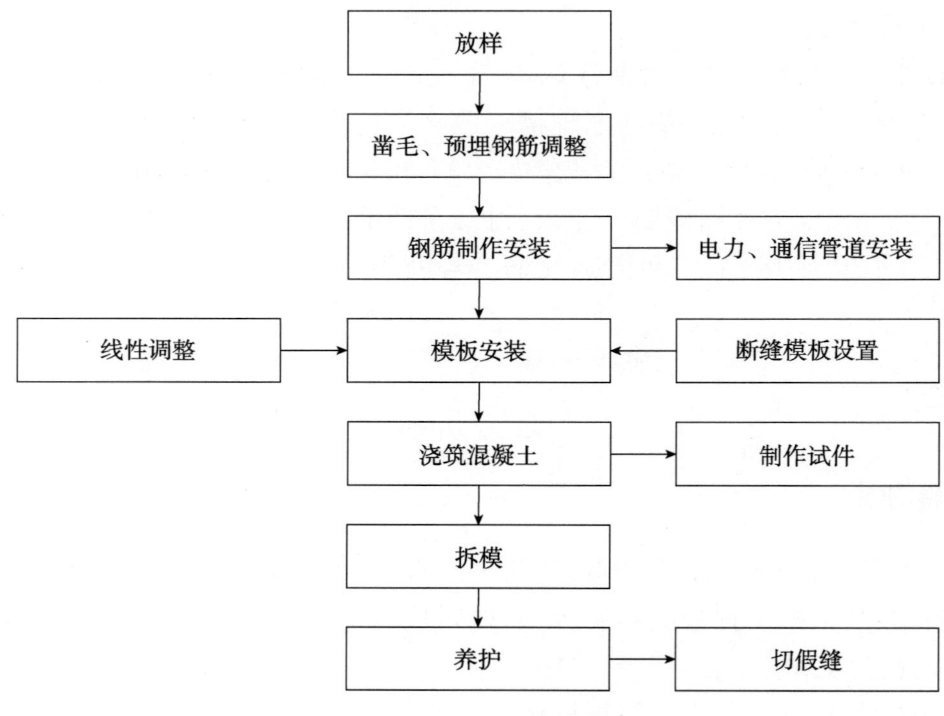

图 6-3　护栏施工工序

3)模板安装

(1)模板加工按机械制造的工艺进行,模板交角处采用倒圆角处理,使其线形平顺,尺寸严格按设计要求制作。制作好的模板进行试拼编号,对于有错台和平整度不符合要求的要及时整改,合格后方可使用。模板要求有一定的强度和刚度,确保在施工中不变形。护栏模板的安装应严格按规范要求进行,确保混凝土施工时不出现跑模、错台、变形、漏浆,并保证混凝土的外观质量。

(2)选用专用脱模剂应保证混凝土颜色均匀,表面光滑。

(3)在距离梁面 10cm 高的位置预埋 40cm 的内支撑钢筋,确保其下部的断面尺寸,并用拉杆拉紧。顶面采用 17cm 钢筋作为支撑,用拉杆拉紧,保证上部断面尺寸。在护栏内侧一定距离预埋钢筋作为顶拉模板的支撑点,牢固支撑护栏模板,确保其牢固稳定性。

(4)模板接缝采用塑料胶带粘贴于模板接缝处,模板之间采用螺丝扣紧,模板与铺装层接缝采用海绵材料进行填缝,保证接缝严密,不漏浆,不污染。安装模板时,严格控制错台现象。

(5)护栏断缝设置于墩顶及跨中,对于跨径大于 30m 以上的,可适当加设断缝,防止混凝土在行车荷载下的应力集中混凝土断裂并保证断缝垂直整齐。断缝采用泡沫材料断开,端头模板要用钢板。

4)混凝土施工

(1)混凝土应经试验取得外观最佳的配合比用于护栏施工,混凝土浇筑采用分部分三层斜向浇筑的方法,第一层控制在 25cm 左右,第二层浇筑到护栏顶 35cm 左右,然后浇筑到护栏顶。浇筑时振动棒要快插、慢拔,以使气泡充分逸出。振动棒要插入已振完下层混凝土 5cm,从而消除分层接缝;插点要均匀排列,顺序进行,并掌握好振捣时间,一般每插点为

30s 左右，以混凝土表面平坦泛浆、不出现气泡为准。严禁过振，避免混凝土表面出现鱼鳞纹或流沙、泌水现象而影响外观。另外，振捣时应严禁碰撞模板，以免模板损伤，影响外观质量。

(2)浇筑至顶面时，应派专人进行顶面抹面修整，确保护栏成形后，顶面光洁，线形顺畅。

(3)护栏底严禁用砂浆支垫，应浇筑同强度等级混凝土。

(4)夏季施工时宜采用低水化热水泥，尽量不使用强度等级为 52.5 级的水泥。

5)模板拆除

模板拆除要务必小心，避免破坏混凝土面和棱角。模板拆除后及时进行整修，保洁。

6)养护

采用干净的无纺土工布覆盖洒水养护，养护时间不少于 7d。夏季施工，避免在 11 点至 15 点的高温时段施工。雨季施工时，应备有塑料膜，遇雨时，及时覆盖。

6.3.5 质量要求

(1)护栏混凝土表面的蜂窝麻面面积不超过该面面积的 0.5%，深度不超过 10mm。

(2)同一跨内的单侧护栏应一次性浇筑，端头模板应用钢模板，以保证端头外观平齐。

(3)护栏面和接缝处不得有开裂现象。错台、平整度、外观质量问题要及时处理，并保证颜色一致。顶面平顺美观、高度一致。

(4)护栏全桥线形直线段顺直，曲线段弧形圆顺，无折线与死弯。

(5)护栏安装实测项目参见现行《公路工程质量检验评定标准》(JTG F80/1—2004)。

6.3.6 安全文明施工

(1)建立健全安全保证体系，制定文明施工的各项规章制度，对现场人员进行安全教育，强化安全意识。

(2)在桥梁边缘设置栏杆，挂安全网，施工人员进场应戴安全帽，在桥梁边缘作业的工人应系安全带。

(3)桥头设栅栏，非施工人员严禁入内。

(4)合理布置施工场地，在左右幅中间布设引水管道。材料应分类集中堆放，做到场地整齐。施工废料应单独集中堆放并及时处理。

(5)做好临时泄水孔，让桥面污水直接排入桥下，避免污染梁面。

6.4 搭板和锥坡

6.4.1 一般要求

(1)台背回填已完成并符合要求，具体施工细则参见本指南《路基工程》分册。

(2)应对桥头搭板(埋板)处路基进行测量，保证高程、横纵坡、平整度符合要求，并经弯沉检测合格后，方可施工搭板。

(3)对桥头锥坡进行放样、清表,用坡度尺检查坡度。

(4)现场应安排技术人员负责技术工作,桥头锥坡施工应安排至少2名修砌专业工人。

(5)石料应符合设计规定的类别和强度,石质应均匀、无水锈、无裂纹、不易风化。

(6)砂浆类别与强度符合设计规定。砂浆所用的水泥、沙、水等原材料要经过相关试验检测合格。砂浆的拌和必须采用强制式搅拌机拌和,严禁人工拌和。

6.4.2 施工工序

桥头搭板应与桥面铺装同时施工。肋式桥台台背回填与锥坡应同时填筑,具体要求参见本指南《路基工程》分册。

1)桥头搭板(埋板)施工工序

施工放样→基层高程测量→人工修整底基层、找平→做承载力试验→安装钢筋、立模→检查→混凝土浇筑→拉毛→养护。

2)桥头锥体护坡施工工序

施工放样→刷坡→挂线、找平、修整坡面→检验承载力→砌筑。

6.4.3 施工要点

(1)锥体填土应按设计高程及坡度填筑到位,根据砌筑片石厚度,不够时再进行刷坡。当坡面土小部分不足时,不得进行回填。

(2)石砌锥坡应在坡面或基面夯实、整平后方可开始砌筑,砌筑时要挂线施工。

(3)片石护坡的外露面和坡顶、边口,应选用较大、较平整并略加修凿的石块。浆砌片石护坡,石块应相互咬接,砌缝砂浆饱满,缝宽尽量小。干砌片石护坡时,铺砌应紧密、稳定,表面平顺,不得用小石块塞垫找平,砌缝宽度应均匀。

(4)片石与块石的砌筑要求满足现行公路桥涵施工技术规范要求。

(5)锥、护坡应设置踏步,以便对桥台支座等构造进行检查和养护。

6.4.4 质量控制

(1)桥头搭板质量标准参见现行《公路工程质量检验评定标准》(JTG F80/1—2004)。

(2)锥、护坡质量标准参见现行《公路工程质量检验评定标准》(JTG F80/1—2004)。

6.4.5 安全文明

(1)离搭板施工前后20m应设置路障,严禁外来车辆进入,人员进场必须戴安全帽,在坡面上施工需穿防滑鞋,严禁穿拖鞋进入工地。

(2)浆砌片石施工时,严禁在坡顶抛扔片石。

7　施工质量通病及防治措施

7.1　桥梁基础

7.1.1　钻孔灌注桩

1)钻孔灌注桩坍孔

(1)原因分析。

①陆上护筒底部和四周未用黏土填实。

②孔内水位高度不够,不足以平衡水头压力。

③当钻至砂层等强透水层时,水源补给不足引起孔内水位急剧下降。

④出现较强承压水时,易导致孔底翻砂和孔壁坍塌。

⑤钻孔附近的振动影响。

⑥泥浆相对密度偏小。

⑦吊放钢筋笼时碰撞了孔壁或破坏了孔壁泥膜。

⑧成孔速度太快,在孔壁上来不及形成泥膜。

⑨成孔后未及时浇筑混凝土,静置时间过长。

(2)预防措施。

①埋设护筒时,在护筒底部夯填50cm厚黏土,必须夯打密实。放置护筒后,在护筒四周对称均衡地夯填黏土,防止护筒变形或位移,夯填密度不渗水。

②孔内水位必须稳定地高出孔外水位1m以上,泥浆泵等钻孔配套设备应有一定的安全系数,并有备用设备,以应急需。

③施工通道的布置离孔位一定距离。

④根据不同土层采用不同的泥浆比重和不同的转速。

⑤钢筋笼的吊放、接长均应注意不碰撞孔壁。

⑥尽量缩短成孔后至浇筑混凝土的间隔时间。

⑦发生坍孔时,用优质黏土回填至坍孔处1m以上,待自然沉实后再继续钻进。

2)钻孔灌注桩成孔偏斜

(1)原因分析。

①施工场地不平整,不坚实,在支架上钻孔时,支架的承载力不足,发生不均匀沉降,导致钻杆不垂直。

②钻机部件磨损,接头松动,钻杆弯曲。

③钻头晃动偏离轴线,扩孔较大。

④遇有地下障碍物,把钻头挤向一侧。

(2)预防措施。

①钻机就位时,使转盘、底座水平,使天轮的轮缘、钻杆的卡盘和护筒的中心在同一垂直线上,并在钻进过程中防止位移。

②场地平整坚实,支架的承载力应满足要求,在发生不均匀沉降时必须随时调整。

③偏斜过大时,回填黏土,待沉积密实后再钻。

④钻孔过程中采用定位导向架对钻杆进行定位。

3)钻孔灌注桩孔深不足

(1)原因分析。

①孔壁坍塌,土方淤积于孔底。

②清孔不足,孔底回淤。

(2)预防措施。

①吊放钢筋笼时不得碰撞孔壁。

②必须二次清孔,清孔后的泥浆密度小于1.15。

③尽量缩短成孔后至浇筑混凝土的间隔时间。

4)钻孔灌注桩缩孔

(1)原因分析。

①软土层受地下水位影响或周边车辆振动,开钻孔距过近。

②泥浆性能指标不佳,塑性土膨胀,造成缩孔。

(2)预防措施。

①避免成孔期间过往大型车辆和设备,控制开钻孔距应跳隔1~2棵桩基开钻或新孔应在邻桩成桩36h后开钻。

②采用优质泥浆,控制泥浆相对密度和黏度,降低泥浆失水量。

③用钻头上下反复扫孔,将孔径扩大至设计要求。

5)钻孔灌注桩钢筋笼上浮

(1)原因分析。

①混凝土在进入钢筋笼底部时浇筑速度太快。

②钢筋笼未采取固定措施。

(2)预防措施。

①当混凝土上升到接近钢筋笼下端时,放慢混凝土浇筑速度,减小混凝土面上升的动能作用。当钢筋笼被埋入混凝土中有一定深度时,再提升导管,减少导管埋入深度,使导管下端高出钢筋笼下端有相当距离时,再按正常速度浇筑。

②浇筑混凝土前,将钢筋笼固定在孔位护筒上,可防止上浮。

6)导管进水

(1)原因分析。

①首批混凝土储量不足,或虽混凝土储量已够,但导管底口距孔底的间距过大,混凝土下落后不能埋设导管底口,以至泥水从底口进入。

②导管接头不严,接头间橡皮垫被导管高压气囊挤开,或焊缝破裂,水从接头或焊缝中贯入。

③导管提升过猛,或测探出错,导管底口超出原混凝土面,底口涌入泥水。

(2)预防措施。

①将导管提出,将散落在孔底的混凝土拌和物用反循环钻机的钻杆通过空压机吸出,不得已时需将钢筋笼提出采取复钻清除,重新灌注。

②若是上述第二、三种情况,拔换原管下新管;或用原导管插入续灌,但灌注前应将进入导管内的水和沉淀土用吸泥和抽水的方法吸出,如重下新管,必须用潜水泵将管内的水抽干,才可继续灌注混凝土,导管插入混凝土内应有足够的深度,大于2m。续灌的混凝土配合比应增加水泥量,提高稠度后灌入导管内。

7)孔底沉渣过多

(1)原因分析。

①泥浆过稀,清孔不干净。

②清孔泥浆相对密度过小或清水置换。

③钢筋笼吊放未垂直对中,碰剐孔壁泥土坍落孔底。

④清孔后待灌时间过长,泥浆沉淀。

(2)预防措施。

①终孔后,钻头提离孔底1~20cm,保持慢速空转,维持循环清孔时间不少于30min。

②清孔要采用优质泥浆,控制泥浆相对密度和黏度下要直接用清水置换。

③钢筋笼要垂直缓放入孔,避免碰撞孔壁。

④清孔完毕立即迅速灌注混凝土。

⑤采用导管二次清孔,冲孔时间以导管内侧量的孔底沉渣厚度达到规范要求为准;提高混凝土初灌时对孔底的冲击力;导管底端距孔底控制在40~50cm。

7.1.2 挖孔灌注桩

1)涌沙、涌泥

(1)原因分析。

①地下水位过高,土层中夹有粉细沙或淤泥质土层。

②缺少有效的护壁阻拦措施。

(2)预防措施。

①人工降低地下水位,尽可能降低到设计桩底高程以下。

②沉设钢套管以阻挡流沙、淤泥。

2)沉渣过厚

(1)原因分析。

①地下水位高,降水不够,清孔后地下水渗入时夹带泥沙沉积。

②吊置或现场焊制钢筋笼和浇筑混凝土下串筒时碰撞孔壁使孔底泥沙增厚。

③孔口周围积土未及时清理而落入孔中。

④清孔后因未及时浇筑混凝土而使孔底岩石风化,第二次浇筑前清底不彻底。

(2)预防措施。

①人工降低地下水位至设计桩底之下。

②将孔周淤泥及时清理干净,防止碰撞而落入孔底。

③如隔长时间未能浇筑混凝土,则在浇筑混凝土前彻底清除孔底风化的残积物。

3)桩基底岩层有夹层

(1)原因分析。

基岩地层较复杂,在微风化岩层下夹有破碎带或夹有中风化甚至强风化岩层。

(2)预防措施。

每孔终孔前均做超前钻探。

4)桩身混凝土质量缺陷

原因分析:

①浇注混凝土时串筒安装不符合要求,筒下口离桩底超过 2m。

②孔内有地下水渗出,浇注混凝土时不连续,每次量少且间隔时间较长。

③混凝土配合比不当。

④振捣不到位。

5)桩孔倾斜

(1)原因分析。

①开挖时未严格控制垂直度。

②成孔后迟迟未浇注混凝土而使孔壁变形。

③孔周围有外力扰动致使孔壁变形。

(2)预防措施。

①每节护壁浇注混凝土前,均应吊线校正垂直度。

②成孔后及时浇注混凝土。

③孔周围不应有荷载,防止孔体变形。

7.2　下部构造

7.2.1　承台大体积混凝土

大体积混凝土较突出的质量问题表现在混凝土裂缝方面。

1)原因分析

(1)由于大体积混凝土内外部温差较大,而当表面拉应力超过混凝土抗拉强度时,造成混凝土开裂。

(2)混凝土收缩影响。混凝土硬化过程中产生体积收缩变形,当收缩变形受到外部因素制约时(如支撑条件、钢筋等),混凝土产生开裂。

(3)外界气温变化影响。

(4)其他因素造成(如砂石材料质量不良、配合比不当等)。

2)预防措施

(1)选用水化热较低水泥、级配良好及含泥量较小砂石材料,同时优化混凝土配合比,尽量减少水泥用量。

(2)采用合适的缓凝剂,以改善混凝土性能。

(3)降低大体积混凝土内部温度。如通过采取通冷却水管、分层浇筑、填筑试块等方式降低混凝土内部温度。

(4)加强对大体积混凝土的养护(如覆盖麻袋、及时洒水等),控制大体积混凝土内外部温差。

7.2.2　承台、墩柱、盖梁混凝土外观质量

1)混凝土表面产生麻面

(1)原因分析。

①模板表面粗糙或清理不干净,拆模时混凝土表面粘损,出现麻面。

②钢模板隔离剂不均匀或局部漏刷,混凝土被粘损,形成麻面。

③模板接缝拼装不严密,浇筑时漏浆,混凝土表面沿板缝位置出现麻面。

④混凝土振捣不密实,其气泡未排除,一部分气泡停留在模板表面形成麻点。或由于没有配合人工插边,使水泥浆流不到靠近模板的地方。

(2)预防措施。

①模板表面要清理干净。

②钢模板隔离剂涂刷均匀,不得漏刷。

③混凝土浇筑要分层、均匀,振捣要密实,不漏振不过振,配合人工插边。

④可将麻面部位用清水刷洗,充分湿润后用水泥浆或 1∶2 水泥砂浆加 107 胶抹平。

2)骨料显露、颜色不匀及砂痕

(1)原因分析。

①模板内表面材料过分柔软,或为高致密材料;混凝土拌和物砂率低,用间断级配,骨料干燥或多孔,粗骨料过多、过振,均产生骨料显露。

②模板表面吸收色彩能力有差别;材料颜色不匀;掺氯化钙会形成暗色条纹,钢筋或钢模锈色污染混凝土表面造成颜色不匀。

③由于与模板面相平等的泌水,造成细颗粒离析形成砂痕;模板不吸水,施工时温度低,拌和物泌水性大及细骨料中砂不足,空气含量低,浇筑速度过快、过振,均会产生砂痕。

(2)预防措施。

①振捣方式及操作要适当。

②采用钢模板、贴塑竹胶板,振捣时间予以延长。

③模板尽量采用有同种吸收能力的内衬,防止钢筋锈蚀。

④严格控制砂、石材料级配。水泥、砂浆使用同一厂、同一产地、同一批的材料,尽量保持其色泽一致,选用泌水性小的水泥。

⑤振捣时,配合人工插边,使水泥浆进入模板的表面。

⑥用水砂布打磨,涂抹素水泥的胶溶液进行外观处理。

3)蜂窝

(1)原因分析。

①混凝土配合比不准确或沙、石、水泥材料计量不准或加水量不准,造成砂浆少石子多。

②混凝土搅拌时间短,没拌和均匀,混凝土和易性差,振捣不密实。

③混凝土下料不当,造成混凝土离析,混凝土一次下料过多,没有分段分层浇筑,振捣不实或下料与振捣配合不好,未及振捣又下料。因漏振而造成蜂窝。

④模板孔隙未堵好或模板支设不牢固,振捣混凝土时模板移位,造成严重漏浆,形成蜂窝。

(2)预防措施。

①严格控制配合比,保证材料计量准确。

②混凝土要拌和均匀,搅拌时间不得少于规定的时间。

③混凝土自由倾落高度要少于2m,超过上述高度时,采取串筒、溜槽等措施下料。

④混凝土的振捣分层捣固,振捣间距要适当,必须掌握好每一插振的振捣时间。振捣器至模板的距离,不应大于振捣器有效作用半径的1/2。

⑤小蜂窝可先用水冲洗干净,然后用1∶2或1∶2.5水泥砂浆修补;大蜂窝先将松动石子和突出颗粒剔除,尽量剔成喇叭口,然后用清水冲洗干净湿透,再用高一等级的混凝土捣实,加强养护。

4)裂缝或裂纹

(1)原因分析。

①碎石、沙等不合格或被污染。

②配合比选择不合适,缺浆离析。

③混凝土浇筑方法不当。

④养护不够。

⑤空气干燥,表面失水过快新浇混凝土里外温差悬殊。

(2)预防措施。

①选用合格的地材,并确保地材不被污染。

②选择合适的配合比,掺加粉煤灰,改善混凝土的和易性,减少水化热。

③墩身混凝土的坍落度应选择5~8cm的混凝土,减小水灰比。利用吊车提升,利用串筒或直接将吊斗吊至墩身内,杜绝离析现象。

④采用塑料薄膜覆裹养护。

7.3　上部构造

7.3.1　板、箱(T)梁

1)缺棱掉角(混凝土局部掉落,棱角有缺陷)

(1)原因分析。

①常温施工时,过早拆除承重模板。

②拆模时受外力作用或重物撞击,棱角被碰掉。

③冬季施工时,混凝土局部受冻,造成拆模时掉角。

(2)预防措施。

①承重结构拆模混凝土应具有足够的强度。

②拆模时不能用力过猛,保护好棱角。

③加强成品保护工作,在人多、运料通道等处的混凝土角要采取保护措施。

2)露筋(钢筋混凝土结构中的主筋、副筋或箍筋等露出混凝土表面)

(1)原因分析。

①混凝土浇筑时钢筋垫块移位或垫块太少,钢筋紧贴模板,造成露筋。

②钢筋结构断面较小,钢筋过密,造成石子卡在钢筋上,水泥砂浆不能充满钢筋周围。

③因配合比不当造成混凝土离析,缺浆处造成露筋。

④混凝土振捣时,振动棒撞击钢筋,造成钢筋移位,导致露筋。

⑤混凝土保护层振捣不密实。

(2)预防措施。

①混凝土浇筑前,应检查钢筋位置和保护层厚度是否准确。

②在靠近模板的钢筋上,每隔 1m 绑一个混凝土垫块。

③钢筋较密集时,应选配适当的石子。

④为防止钢筋移位,严禁振捣棒撞击钢筋。

⑤木模板浇筑前应润湿,钢模板涂脱模剂。

⑥混凝土自由顺落高度不得超过 2m,否则用串筒。

⑦拆模时间要根据试块实验强度确定。

⑧操作时不得直接踩踏钢筋。

3)空心板梁预制过程中芯模上浮

(1)原因分析。

防内膜上浮定位措施不力。

(2)预防措施。

①若采用胶囊做内模,浇筑混凝土时,为防止胶囊上浮和偏位,应用定位箍筋与主筋联系加以固定,并应对称平衡地进行浇筑。同时加设通长钢带,在顶部每隔 1m 采用一道压杠压住钢带,防止上浮。

②当采用空心内模时,应与主筋相连或压重(压杠),防止上浮。

③分两层浇筑,先浇筑底板混凝土。

④避免两侧腹板过量强振。

4)满堂支架出现破坏

满堂支架现浇出现支架变形,梁底不平,梁底下挠,梁侧模走动,拼缝漏浆,接缝错位,梁的线形不顺直,混凝土表面毛糙、污染或底板振动不实,出现蜂窝麻面,箱梁腹板与翼缘板接缝不整齐。

(1)原因分析。

①支架设置在不稳定的地基上。

②支架完成后,浇筑混凝土前未做预压,产生不均匀沉降。

③梁底侧模支撑格栅铺设不平整,不密实,底模与格栅不密贴,梁底模高程控制不准。

④梁侧模的纵、横支撑刚度不够,未按侧模的受力状况布置对拉螺栓。

⑤模板拼接不严密,嵌缝处理不好。

⑥底模不清洁,污染、杂物,影响混凝土流动和密实。

(2)预防措施。

①支架应设置在经过加固处理的具有足够强度的地基上,地基表面应平整,支架材料和杆件设置应有足够的刚度和强度,支架立杆下宜垫混凝土板块,或浇筑混凝土地梁,以增加立柱与地基上的接触,支架的布置应根据荷载状况进行涉及计算,支架完成后要进行预压,以保证混凝土浇筑后支架不下沉、不变形。

②在支架上铺设梁底模格栅要与支架梁密贴,底模要与格栅垫实,在底模铺设时要考虑预拱度。

③梁侧模纵横向支撑,要根据混凝土的侧压力合理布置,并设置足够的对拉螺栓。

④模板材料强度、刚度要符合要求。

⑤底模必须光洁、涂机油。

⑥两次浇筑的要保证翼板模板腋下不流浆。

5)混凝土浇筑过程中的过振和漏振

(1)原因分析。

①混凝土振捣工人责任不明确,施工前未接受技术培训。

②同一部位振捣时间过长。

③某一部位漏振。

④混凝土浇筑厚度过厚,没有分层。

⑤振捣器功率小,振捣力不足,振捣器选择不合适。

⑥浇筑混凝土过程中不连续振捣出现漏振。

⑦附着式振捣器的布置间距不合理。

(2)预防措施。

①对振捣工人要分工明确,责任到人,调动其生产积极性,将振捣质量与工资奖金挂钩。要选择工作认真、责任心强的工人专门进行振捣。

②浇筑混凝土时,一般应采用振捣器振实,避免人工振实。大型构件宜用附着式振捣器在侧模和底模上振动,用插入式振捣器辅助,中小型构件在振动台上振动。钢筋密集部位宜用插入式振捣棒振捣。

③混凝土按一定厚度、顺序和方向分层浇筑振捣,上下层混凝土的振捣应重叠。厚度一般不超过 30cm。

④使用插入式振捣棒时,移动间距不应超过振捣棒作用半径的 1.5 倍;与侧模应保持

5~10cm 的距离;插入下层混凝土 5~10cm;每一部位振捣完成后应边振边徐徐提出振捣棒,应避免振捣棒碰撞模板、钢筋及其他预埋件。

⑤使用平板捣动器时,移位间距应以使振捣器平板能覆盖已振实部分 10cm 左右为宜。

⑥附着式振捣器的布置距离,应根据构造物形状及振捣器性能等情况通过试验确定。

⑦对每一振捣部位,必须振捣到该部位的混凝土密实为止。密实的标志是混凝土停止下沉,不再冒出气泡,表面呈现平坦、泛浆。

⑧混凝土浇筑过程发生间断时,其间断时间应小于前层混凝土的初凝时间,并充分注意前后浇筑混凝土的连接密实。若间断时间超出规定时间,一般按工作缝处理。

6)预应力张拉时发生断丝和滑丝

(1)原因分析。

①实际使用的预应力钢丝或预应力钢绞线直径偏大,锚具与夹片不密贴,张拉时易发生断丝或滑丝。

②预应力束没有或未按规定要求梳理编束,使得钢束长短不一或发生交叉,张拉时造成钢丝受力不均,易发生断丝。

③锚夹具的尺寸不准,夹片的误差大,夹片的硬度与预应力筋不配套,易断丝和滑丝。

④锚圈防止位置不准,支撑垫块倾斜,千斤顶安装不正,会造成预应力钢束断丝。

⑤施工焊接时,把接地线接在预应力筋上,造成钢丝间短路损伤钢丝,张拉时发生断丝。

⑥把钢束穿入预留孔道内时间过长,造成钢丝锈蚀,混凝土砂浆留在钢束上,又未清理干净,张拉时产生滑丝。

⑦油压表失灵,造成张拉力过大,易发生断丝。

(2)预防措施。

①穿束前,预应力钢束必须按规程进行梳理编束,并正确绑扎。

②张拉前锚夹具需按规范要求进行检验,特别是对夹片的硬度一定要进行测定,不合格的予以调换。

③张拉预应力筋时,锚具、千斤顶安装要准确。

④当预应力张拉达到一定吨位后,如发现油压回落,再加油时又回落,这时有可能发生断丝,如果发生断丝,应更换预应力钢束,重新进行预应力张拉。

⑤焊接时严禁利用预应力筋作为接地线,不允许发生电焊烧伤波纹管与预应力筋。

⑥张拉前必须对张拉端钢束进行清理,如发生锈蚀应重新调换。

⑦张拉前要经权威部门准确检验标定千斤顶和油压表。

⑧发生断丝后可以提高其他束的张拉力进行补偿,更换新束,利用备用孔增加预应力束。

7)后张法施工压浆不饱满

(1)原因分析。

①压浆时锚具处预应力筋间隙漏浆。

②压浆时,孔道未清净,有残留物或积水。

③水泥浆泌水率太高。

④水泥浆的膨胀率和稠度指标控制不好。

⑤压浆时压力不够或封堵不严。

(2)预防措施。

①锄具外面预应力筋间隙应用环氧树脂或棉花,水泥浆填塞,以免冒浆而损失压浆压力。封锚时应留排气孔。

②孔道在压浆前应用压力水冲洗,以排除孔内粉渣杂物,保证孔道畅通。冲洗后用空压机吹去孔内积水,要保持孔道湿润,使水泥浆与孔壁结合良好。在冲洗过程中,若发现冒水、漏水现象则应及时堵塞漏洞。当发现有串孔现象而不易处理时,应判明串孔数量,安排几个串孔同时压浆,或某一孔道压浆后,立刻对相邻孔道用高压水进行彻底冲洗。

③正确控制水泥浆的各项指标,泌水率最高不超过3%,水泥浆中可掺入适当的铝粉等膨胀剂,铝粉的掺入量约为水泥用量的0.01%。水泥浆掺入膨胀剂后的自由膨胀应小于10%。

④压浆应缓慢,均匀进行,一般每一孔道宜于两端先后各压浆一次。对泌水率较小的水泥浆,通过实验证明可达到孔道饱满,可采取一次压浆的方法。

⑤保证压浆的压力,压浆应使用活塞式的压浆泵,压浆的压力以保证压入孔内的水泥浆密实为准,开始压力小逐渐增加,最大的压力一般为0.5~0.7MPa。当输浆管道较长或采用一次压浆时,应适当加大压力,梁体竖向预应力孔道的压浆最大的压力控制在0.3~0.4MPa。每个孔道压浆至最大压力后,应有一定的稳压时间,压浆应达到另一端饱满和出浆,并能达到排气孔与规定稠度相同的水泥浆为止,然后才能关闭出浆阀门。

7.3.2　桥面铺装层

1)水泥混凝土桥面铺装层的裂纹和龟裂

(1)原因分析。

①砂石原材料质量不合格。

②水泥混凝土铺装与桥梁行车道板未能很好地连成整体,有“空鼓”现象。

③桥面铺装钢筋网下沉,上保护层过大,钢筋网未能起到防裂作用。

④铺装层厚度不够。

⑤未按规定要求进行养护及交通管制,桥面铺筑完成后养护不及时,在混凝土尚未达到设计强度时即开放交通,造成了铺装的早期破坏。

(2)预防措施。

①严把原材料质量关,各类粗细集料必须分批检验,各项指标合格后方可使用,混凝土配料时沙子应过筛,石料也应认真进行筛分试验,拌和时确保计量准确,以保证混凝土质量。

②为使桥面铺装混凝土与行车道板紧密结合成整体,在进行梁板预制或现浇时其顶面必须拉毛或机械凿毛,以保证梁板与桥面铺装的结合。

③浇筑桥面混凝土之前,必须严格按设计重新布设钢筋网,以保证钢筋网上下保护层。

④严格控制桥梁上、下部结构施工高程，以保证桥面铺装层的厚度。

⑤水泥混凝土桥面铺装施工完成后，必须及时覆盖和养护，并须在混凝土达到设计强度之后才能开放交通。

2）沥青混凝土桥面铺装层的开裂、推移、坑槽及车辙等病害

（1）原因分析。

①设计标准偏低，厚度偏薄。

②沥青混凝土铺装层渗水，在沥青混凝土与水泥混凝土中间形成一层水膜，在车辆荷载的反复作用下，两层分离，产生龟裂，造成脱落。

③桥面界面处理不足、防水黏结层效果欠佳、上下黏层油未渗入到混凝土面层中，未起到黏结作用。

④施工碾压压实度不够。

（2）预防措施。

①在设计时应保证沥青混凝土铺装层的厚度满足使用要求，厚度宜为双层且不低于10cm。

②沥青混凝土配比要采用连续密级配，确保沥青混凝土不渗水，同时在泄水孔的设计、施工时，保证泄水孔的顶面高程低于桥面水泥混凝土铺装高程，确保一旦渗水可将渗下的水排出，以防止渗下的水浸泡沥青混凝土。

③施工前应对水泥混凝土桥面进行机械凿毛、清扫和冲洗，对尖锐突出物及凹坑应予打磨或修补，以保证桥面平整、粗糙、干燥与清洁。

④桥面防水黏结层宜选用水性环氧沥青等黏结强度高、低碳环保型的防水材料，黏层油宜采用改性乳化沥青，洒布要均匀，确保充分渗入以起到黏结作用。

⑤在施工时，沥青混凝土宜采用胶轮压路机及轻型双钢轮压路机组合压实，严格控制压实度，同时要加强检测，确保各项指标符合规范的要求。

附录 A

桥梁通用技术施工照片

A.1　钢筋

a)

b)

附图 A-1　钢筋加工厂集中加工

a)

b)

附图 A-2　钢筋分类存放

a)

b)

附图 A-3　钢筋焊接及机械连接

a)

b)

附图 A-4　钢筋刷漆防锈处理

a)

b)

附图 A-5　钢筋保护层垫块

A.2　模板

a)

b)

附图 A-6　定型钢模板

A.3　混凝土

附图 A-7　原材料采用防护棚分仓堆放

附图 A-8　外加剂遮光存放

附图 A-9　混凝土薄膜养护

附图 A-10　混凝土接触面凿毛处理

A.4　预应力混凝土工程

附图 A-11　预应力钢绞线

附图 A-12　预应力智能张拉

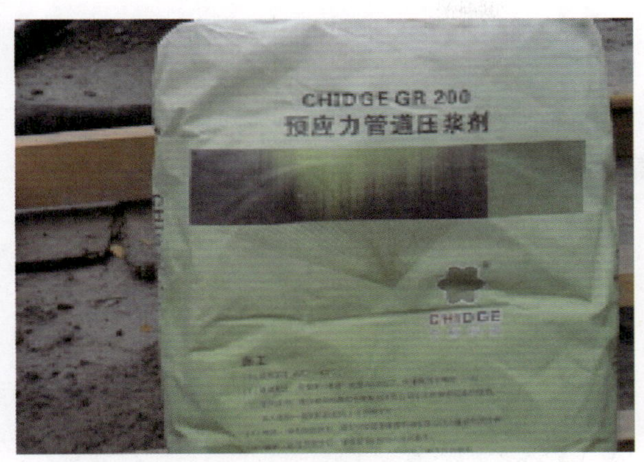

附图 A-13　预应力管道压浆剂

附图 A-14　预应力智能压浆

A.5　安全文明施工

附图 A-15　安全防护用品

附图 A-16　预应力张拉安全防护

附图 A-17　高墩施工安全防护

附图 A-18　现浇梁爬梯安全防护

附录 B

桥梁基础施工照片

B.1 钻孔灌注桩

附图 B-1　旋挖钻

附图 B-2　冲击钻

附图 B-3　钻孔灌注桩孔口临时覆盖

附图 B-4　泥浆池安全围护

附图 B-5　钢筋笼滚轴焊加工

附图 B-6　吊装扁担安装钢筋笼

附图 B-7　通过漏斗灌注混凝土

附图 B-8　桩基质量检测

B.2　挖孔灌注桩

附图 B-9　挖孔桩混凝土护壁

附图 B-10　挖孔桩安全防护

附录 C

桥梁下部构造施工照片

C.1　墩柱

附图 C-1　立柱与桩基钢筋笼连接

附图 C-2　立柱采用定型钢模板及缆风绳固定

附图 C-3　采用滴灌及薄膜包裹养护

附图 C-4　高墩喷淋养护

C.2　盖梁

附图 C-5　抱箍法盖梁施工

附图 C-6　盖梁钢筋笼整体吊装

附录 D

桥梁上部构造施工照片

D.1　预制梁施工

附图 D-1　预制梁整体化钢模板

附图 D-2　钢筋骨架间距采用定位卡槽

a)

b)

附图 D-3　预制梁采用喷淋养护

a)

b)

附图 D-4　预制梁存放

D.2　现浇梁施工

附图 D-5　现浇梁支架施工

附图 D-6　现浇梁悬臂施工

D.3　桥面系施工

附图 D-7　桥面系施工

D.4　伸缩缝安装

a)

b)

附图 D-8　桥梁伸缩缝